EL LÍDER QUE NO TENÍA CARGO

ROBIN SHARMA

EL LÍDER QUE NO TENÍA CARGO

UNA FÁBULA MODERNA SOBRE EL LIDERAZGO
EN LA EMPRESA Y EN LA VIDA

Traducción de
Sonia Tapia

Grijalbo

Título original: *The Leader Who Had No Title*

Primera edición: septiembre, 2010
Vigésima segunda reimpresión: octubre, 2020
Vigésima tercera reimpresión: marzo, 2021
Vigésima cuarta reimpresión: octubre, 2021
Vigésima quinta reimpresión: febrero, 2022

© 2010, Sharma Leadership International, Inc.
Todos los derechos reservados. Edición publicada por acuerdo con la editorial original, Free Press, una división de Simon & Schuster, Inc.
© 2010, Random House Mondadori, S. A
Travessera de Gràcia, 47-49. 08021 Barcelona
© 2010, Sonia Tapia Sánchez, por la traducción
© 2010, Penguin Random House Grupo Editorial, S. A. S.
Carrera 7ª No.75-51. Piso 7, Bogotá, D. C., Colombia
PBX (57-1) 7430700

Penguin Random House Grupo Editorial apoya la protección del *copyright*.
El *copyright* estimula la creatividad, defiende la diversidad en el ámbito de las ideas y el conocimiento, promueve la libre expresión y favorece una cultura viva. Gracias por comprar una edición autorizada de este libro y por respetar las leyes del *copyright* al no reproducir, escanear ni distribuir ninguna parte de esta obra por ningún medio sin permiso. Al hacerlo está respaldando a los autores y permitiendo que PRHGE continúe publicando libros para todos los lectores.

Impreso en Colombia-*Printed in Colombia*

ISBN: 978-958-8618-25-8

Impreso en Nomos Impresores S.A.

Te dedico este libro a ti, lector. Tu deseo de despertar al líder que hay en ti me inspira. Tu compromiso de dar lo mejor de ti en el trabajo me conmueve. Y tu disposición a influir positivamente en los demás me anima a dedicarme aún más a ayudar a los demás a Liderar Sin Cargo

De manera apacible, se puede sacudir el mundo.

Mahatma Gandhi

Índice

NOTA DEL AUTOR.............................. 13

1. El éxito y el liderazgo te pertenecen por derecho   15
2. Mi encuentro con un mentor de liderazgo.....   23
3. El triste precio de la mediocridad y la espectacular recompensa del liderazgo................   49
4. La primera conversación de liderazgo: No hace falta tener un cargo para ser líder............   69
5. La segunda conversación de liderazgo: Las épocas turbulentas crean grandes líderes.........   123
6. La tercera conversación de liderazgo: Cuanto más profundas sean tus relaciones, más fuerte será tu liderazgo..........................   175
7. La cuarta conversación de liderazgo: Para ser un gran líder, primero hay que ser una gran persona   211

8. Conclusión.............................. 255

RECURSOS PARA AYUDARTE A SER UN LÍDER SIN CARGO   261
NECESITAMOS TU AYUDA 263
CREA UNA ORGANIZACIÓN DE LÍDERES SIN CARGO ... 265

Nota del autor

El libro que tienes en las manos es el resultado de casi quince años de trabajo como formador de liderazgo en muchas de las empresas que aparecen en la lista Fortune 500, entre ellas Microsoft, GE, Nike, FedEx e IBM, además de en organizaciones como la Universidad de Yale, la Cruz Roja Americana y la Young Presidents Organization. Aplicando el sistema de liderazgo que enseño en este libro obtendrás unos resultados espectaculares en tu trabajo y ayudarás a que tu empresa se alce a un nivel completamente nuevo en cuanto a innovación, eficacia y fidelización de los clientes. Además, experimentarás profundas mejoras en tu vida personal y en tu forma de mostrarte al mundo.

Una advertencia: el método de liderazgo que estoy a punto de compartir contigo te llegará como un relato. El héroe, Blake Davis; su inolvidable mentor, Tommy Flinn, y los cuatro extraordinarios maestros que transforman su manera de vivir y trabajar son personajes de ficción, productos de mi muy activa imaginación. Pero tanto el sistema de liderazgo, como los principios, las herramientas y las tácticas sobre los que se constituye, son reales y han ayudado a cientos de miles de personas en muchas de las organizaciones más renombradas del mundo a destacar y a ponerse a la cabeza en su campo.

Las víctimas se quejan de los problemas. Los líderes presentan soluciones. Yo espero sinceramente que *El líder que no tenía cargo* te ofrezca a ti y a la organización en la que trabajas una solución radical para alcanzar rápida y elegantemente los máximos logros en estos tiempos inciertos y turbulentos que vivimos.

ROBIN SHARMA

P.D.: Para que tu transformación como líder sea duradera y profunda, visita robinsharma.com, donde encontrarás toda una serie de recursos de apoyo, incluidos *podcasts*, *newsletters*, *blogs*, asesoramientos de liderazgo on-line y herramientas para formar un equipo de trabajo excepcional.

1
El éxito y el liderazgo te pertenecen por derecho

Nadie triunfa más allá de sus sueños más fantásticos a menos que comience teniendo sueños fantásticos.

RALPH CHARELL

La visión de un logro es el mejor regalo que un ser humano puede ofrecer a otros.

AYN RAND

Todos nacemos siendo genios. Por desgracia, la mayoría de nosotros muere en la mediocridad. Espero que no te moleste que te revele esta certeza tan arraigada en mí cuando llevamos tan poco juntos, pero tengo que ser sincero. Debería compartir contigo también que soy un tipo normal y corriente que tuvo la suerte de descubrir una serie de secretos extraordinarios y que esos secretos me ayudaron a alcanzar un tremendo éxito empresarial y una vida plena y satisfactoria. Lo bueno es que estoy aquí para ofrecerte todo lo que he descubierto en una aventura de lo más sorprendente. De ese modo, tú también podrás alcanzar unos resultados espectaculares en el trabajo y vivir una vida plena. A partir de hoy mismo.

Las eficaces lecciones que te revelaré se irán desarrollando suavemente, con mucho cuidado y con mi más sincero aliento. El viaje que vamos a realizar juntos estará sembrado de diversión, inspiración y entretenimiento. Los principios y las herramientas que descubrirás darán alas a tu carrera, te llevarán a alcanzar nuevos niveles de felicidad y a expresar plenamente lo mejor de ti mismo. Pero, por encima de todo, te prometo que seré sincero. Te debo ese respeto.

Me llamo Blake Davis, y aunque nací en Milwaukee he vivido en la ciudad de Nueva York casi toda mi vida. Y me sigue encantando: sus restaurantes, el ritmo de la ciudad, la gente. Y esos perritos calientes de los puestos callejeros... son increíbles. Sí, me encanta comer, para mí es uno de los mejores placeres de la vida, junto con una buena conversación, mis deportes favoritos y los buenos libros. En fin, que no hay otro sitio en el mundo como la Gran Manzana. No tengo ninguna intención de marcharme de aquí. Nunca.

Permíteme que haga una breve autobiografía antes de que te hable de los extraños y maravillosos eventos que me trasladaron desde donde estaba hasta donde siempre quise estar. Mi madre era la persona más buena que he conocido. Mi padre, la persona más decidida. Gente decente y humilde. No eran perfectos, pero quién lo es. Lo importante es que siempre hicieron las cosas lo mejor que pudieron.

Y, para mí, hacerlo lo mejor que puedes es hacer todo lo que puedes. Entonces, podrás irte a casa y acostarte tranquilo. Preocuparse por cosas que no dependen de uno es una buena manera de ponerse enfermo. Además, la mayoría de las cosas que tanto nos preocupan no suceden jamás. Kurt Vonnegut lo expresó estupendamente: «Los problemas reales de la vida suelen ser cosas en las que ni siquiera se nos ha ocurrido pensar, cosas que de pronto te asaltan a las cuatro de la tarde un martes cualquiera».

Mis padres me han influido en tantos aspectos... No tenían demasiadas cosas, pero en cierto sentido lo tenían todo: la fuerza de sus convicciones, unos valores extraordinarios y un gran respeto por sí mismos. Todavía los echo de menos y no pasa un solo día en que olvide darles las gracias. A veces, en los momentos de tranquilidad, reflexiono sobre el hecho de que generalmente no somos conscientes de la importancia de las personas a las que amamos. Hasta que las perdemos. Entonces damos largos y silenciosos paseos y rezamos por tener una segunda oportunidad y poder tratarlos como se merecían. Por favor, que no tengas que arrepentirte de algo así en tu vida. Sucede demasiado a menudo a demasiadas personas. Si todavía tienes la suerte de contar con tus padres, quiérelos y respétalos. Hoy.

Yo me crié siendo un buen chico. «Un corazón con dos piernas», solía decir mi abuelo. No se me pasaba por la cabeza la posibilidad de hacer daño a nadie ni ocasionar ningún trastorno. En el colegio me iba bastante bien, tenía éxito con las chicas y jugaba al fútbol en el equipo del instituto. Todo cambió cuando murieron mis padres. Se me hundió el mundo. Perdí toda la confianza. Me descentré. Mi vida se estancó.

Con veintipocos años, pasaba de un trabajo a otro e iba por la vida como si tuviera puesto el piloto automático. Estaba como anestesiado y nada me importaba. Me automedicaba viendo demasiada televisión, comiendo mucho y preocupándome en exceso, todo para evitar sentir el dolor que uno sufre cuando reconoce que está desperdiciando su potencial.

En aquella etapa de mi vida, el trabajo era meramente una simple forma de ganarme la vida, no una plataforma desde la que expresar lo mejor de mí mismo. Un empleo no era más que una mala manera de pasar las horas del día, no una maravillosa oportunidad de desarrollar todo lo que yo podía ser. Era una forma de pasar el tiempo, no una excelente oportunidad de arrojar luz sobre los demás y construir una organización mejor y, con ello, un mundo mejor.

Al final decidí enrolarme en el ejército. Me parecía que era un buen paso para sentir que formaba parte de algo y encontrar un poco de orden en medio del caos. Me mandaron a la guerra en Irak. Y aunque pertenecer a las fuerzas armadas dio estructura a mi vida, también me aportó unas experiencias que hoy todavía me atormentan. Vi morir en sangrientas batallas a amigos con los que había realizado la instrucción. Vi a soldados que eran poco más que niños brutalmente mutilados y trágicamente heridos. Y vi que cualquier entusiasmo que pudiera haber existido en mí desaparecía. Me hundí en la desesperación. Y aunque no sufrí ninguna herida física en la guerra, era un soldado herido. Y allá adonde iba, llevaba conmigo los fantasmas de la batalla.

De pronto, llegó el día de volver a casa. Fue todo tan rápido que me sentí mareado. Me metieron en un avión, me llevaron a casa y en un día o dos, después de algunos exámenes médicos de rutina, me licencié. Me dieron las gracias por el servicio que había prestado a mi país y me desearon buena suerte. Y una soleada tarde de otoño, abandonaba una calle de la ciudad cuando llegué a una aterradora conclusión: volvía a estar totalmente solo.

Mi mayor batalla fue intentar volver a integrarme en una sociedad que me había olvidado. Por las noches no podía dormir. Mi mente me castigaba con violentos recuerdos de las escenas terroríficas que había vivido en la guerra. Por las mañanas me quedaba en la cama durante horas intentando reunir la energía necesaria para levantarme y empezar el día. Me dolía el cuerpo. Me sentía asustado sin razón y apenas podía relacionarme con nadie aparte de con mis compañeros del ejército. Las cosas que antes me gustaba hacer ahora me parecían triviales y aburridas. Mi vida no tenía propósito ni sentido. A veces deseaba estar muerto.

Tal vez uno de los mejores dones que me legaron mis padres fue el ansia de aprender, sobre todo a través de los libros. Entre las tapas de un libro hay ideas que si se ponen en marcha tienen la fuerza de cambiar cada uno y todos los aspectos de nuestra vida. Pocos propósitos son más acertados que invertir en pensar mejor y en desarrollar una mente más ágil. El aprendizaje constante es uno de los rasgos principales de una persona abierta y capaz. Y la autoeducación obsesiva y persistente es una de las mejores tácticas de supervivencia para atravesar épocas turbulentas. Las mejores personas suelen tener las bibliotecas más grandes.

De manera que empecé a trabajar en una librería del SoHo. Pero debido a mi actitud negativa y mi comportamiento displicente las cosas en la tienda no me iban demasiado bien. Recibía frecuentes broncas del jefe y en realidad esperaba que me despidieran en cualquier momento. No me centraba, no sabía trabajar en equipo y hacía lo mínimo. Lo único que me salvaba era mi amor por los libros. Los encargados de la librería me despreciaban por mi mala ética en el trabajo, pero en cambio a los clientes les caía bien. Y por eso conservaba mi puesto, aunque por los pelos.

Y ahora es cuando viene lo bueno. Un día ocurrió en mi vida una especie de milagro. Cuando menos lo esperaba, la fortuna vino a por mí y dio la vuelta a la tortilla. Un individuo curiosísimo apareció por la librería, y las lecciones que me enseñó en el breve tiempo que pasamos juntos hicieron añicos los límites a los que yo me había estado aferrando, me mostraron así una forma totalmente nueva de trabajar y de ser.

Ahora, a mis veintinueve años, con más éxitos y alegrías de las que podía haber soñado, he llegado a comprender que los tiempos difíciles forman mejores personas. Que en la dificultad yace la oportunidad. Y que todos y cada uno de nosotros estamos hechos para triunfar, tanto en el trabajo como en la vida. Ha llegado el momento de compartir contigo lo que me sucedió.

2

Mi encuentro con un mentor de liderazgo

> Los días vienen y se van como figuras veladas y apagadas enviadas por un amigo lejano, pero no dicen nada. Y si no utilizamos los dones que nos traen, se los llevan también en silencio.
>
> RALPH WALDO EMERSON

Era otra aburridísima mañana de lunes. Nuestro equipo acababa de terminar lo que llamábamos Melé del Lunes por la Mañana, la reunión de principio de semana en la que se reconocía a los mejores empleados, a los que todos teníamos que aplaudir. Las ventas no iban muy bien, y algunos esperaban que la librería cerrara pronto como parte de la reestructuración que se estaba llevando a cabo en la empresa. Había que recortar gastos, mejorar las operaciones y aumentar los beneficios, y deprisa.

El objetivo de la reunión era recordar a todo el equipo la misión y los valores de la compañía, así como animarnos y motivarnos para ser productivos durante la semana. A final de año todas las tiendas elegían a su mejor empleado, que se presentaba al galardón anual de Mejor Vendedor de

Libros de América que otorgaba la empresa. El premio iba acompañado de una generosa bonificación en metálico y una semana de vacaciones en Aruba. En realidad, a mí todo aquello me desmotivaba y me desanimaba; cada vez era más apático en mi trabajo. Y no me cortaba en comunicar estos sentimientos a cualquier compañero de trabajo que tuviera la mala suerte de cruzarse en mi camino.

Y entonces pasó algo muy misterioso. Mientras estaba tomando un café oculto tras una de las altas estanterías de la sección de Empresa, intentando escaquearme de cualquier tarea, me dieron unos golpecitos en el hombro. Me giré rápidamente y me quedé pasmado.

Tenía delante a un hombre con un aspecto absolutamente estrambótico. Su ropa era un desastre, vieja, andrajosa y llena de agujeros. Llevaba un viejo chaleco de cuadros y las mangas de la camisa remangadas, como si a pesar de tener aquella pinta fuera un enérgico ejecutivo. Del bolsillo del chaleco asomaba un pañuelo amarillo con dibujos de Mickey Mouse, y colgada al cuello llevaba una chapa de plata con unas sencillas iniciales grabadas con un tipo de letra moderna: LSC.

Le miré los pies y cuál no sería mi sorpresa al ver que los zapatos eran nuevos: unos mocasines relucientes. El hombre permaneció quieto y en silencio, percibía como mi incomodidad crecía a cada segundo que pasaba, pero por lo visto él no necesitaba decir nada (un don muy poco común en este mundo de mucho hablar y poco hacer).

Su rostro era un mapa de arrugas que ponían de manifiesto su avanzada edad. Tenía los dientes desportillados y manchados. Llevaba el pelo despeinado y apuntando en todas direcciones, como el gran Albert Einstein en esa foto en blanco y negro en que aparece, burlón, sacando la lengua.

Pero lo que más me impactó de aquel extraño personaje que tenía delante, esa anodina mañana de lunes, fueron sus ojos. Por su desaliñado aspecto cualquiera habría pensado que era un vagabundo o incluso un chiflado, pero su mirada era penetrante y sus ojos limpios. Ya sé que esto suena raro, pero ante aquella mirada hipnótica me sentí no solo seguro, sino como si estuviera en presencia de un ser humano imponente.

—Hola, Blake —me saludó por fin el misterioso caballero; su voz profunda y firme me tranquilizó todavía más—. Me alegro mucho de conocerte. Aquí, en la librería, todo el mundo me ha hablado mucho de ti.

¡Ese tipo sabía mi nombre! Tal vez debería haberme preocupado. Al fin y al cabo en Nueva York viven muchos bichos raros, y la pinta de aquel tipo era cuanto menos desconcertante. ¿Quién era? ¿Cómo había entrado en la librería? ¿Debería llamar a seguridad? ¿Y cómo demonios sabía mi nombre?

—Tranquilo, amigo —dijo, tendiéndome la mano—. Soy Tommy Flinn. Acaban de trasladarme a esta librería desde la zona alta. Ya sé que no tengo la pinta que uno espera en una tienda de esa zona, pero lo cierto es que el año pasado llegué a ser Empleado del Año. Más te vale tratarme bien. A lo mejor un día llego a ser tu jefe.

—Me tomas el pelo. ¿Trabajas aquí? —espeté.

—Sí. Pero no te preocupes, ser tu jefe no es uno de mis sueños. Los cargos no me interesan nada. A mí lo único que me importa es dar lo máximo en mi trabajo, y para hacer eso no necesito tener ninguna autoridad oficial. Espero que no te importe que te diga que he sido el empleado número uno de esta empresa durante cinco años seguidos —anunció con una sonrisa de orgullo mientras frotaba su pañuelo de Mickey Mouse.

Aquel tipo tan raro debía de estar alucinando. Yo me moví un poco de aquí para allá. Pensé que, si todavía tenía una oportunidad, debería echar a correr. Pero habría hecho el ridículo; bastante poco respeto me tenían ya mis compañeros de trabajo. Además, me encantaba mi café matutino, no iba a dejarlo a medias. Por otra parte, tengo que admitir que aquel hombre era de lo más interesante. Así que decidí quedarme.

Miré alrededor buscando una cámara oculta. A lo mejor aquello era una broma de mis compañeros que luego aparecería en uno de esos programas de televisión que se dedican a dejar en ridículo a los desgraciados que caen en sus bien diseñadas trampas. Pero por allí no se veía ninguna cámara.

—Vale —dije; la voz me tembló un poco a pesar de ser un veterano de guerra y haber soportado experiencias y dramas mucho más extremos que aquella situación—. Hola, Tommy. Encantado de conocerte. ¿Por qué te han trasladado a esta tienda...? —pregunté, aunque en realidad quería añadir: «¿... y no a un manicomio?»—. Por lo visto la librería se hunde.

—Bueno, no me han mandado aquí a la fuerza, Blake. El traslado lo pedí yo —explicó; parecía muy seguro y totalmente cuerdo—. Quería cambiar de tienda porque en la otra librería ya no crecía. Me pareció que aquí podría hacer algo de más provecho. Cuanto más difíciles son las circunstancias, mayores son las oportunidades, Blake. Quería venir aquí y trabajar contigo —añadió con otra sonrisa.

Yo no tenía ni idea de adónde iría a parar la conversación. ¿Quién era ese individuo? Los dibujitos de Mickey Mouse de su pañuelo estaban empezando a hartarme... con todos los respetos hacia el ratoncito que ha hecho las delicias de millones de personas.

—¿Te suena el nombre Oscar? —me preguntó.

Yo di un respingo. Por un momento me quedé sin aliento. Se me aceleró el corazón. Mis piernas empezaron a temblar.

—Mi padre se llamaba Oscar —contesté, cada vez más emocionado, sintiendo de nuevo la tristeza que había enterrado dentro de mí a la muerte de mis padres.

La mirada de Tommy se suavizó y en ese momento sentí que era un hombre bueno. Me puso una mano en el hombro.

—Tu padre y yo éramos amigos en Milwaukee. Nos criamos juntos, pero cuando se trasladó a Nueva York ya no volvimos a vernos. Manteníamos el contacto a través del correo, eso sí. Nos escribíamos largas cartas contándonos cómo nos iba la vida. Tu padre fue quien me animó para que viniera a esta ciudad cuando tuve problemas para encontrar trabajo. Su fortaleza me recordó el coraje que yo tenía dentro de mí pero que había olvidado. Siento mucho lo que les pasó a tus padres, Blake. Eran buena gente.

»En fin —prosiguió, ahora mirándome a la cara—. Oscar me hablaba siempre de ti y de todo lo que hacías. Siempre me decía que tenías un gran potencial y que pensaba que estabas destinado a algo grande. Creía en ti de verdad, Blake. Pero tenía la impresión de que necesitabas que alguien te inspirase y te mostrase cómo alcanzar lo mejor de ti mismo. Y por razones que no vienen al caso, creía que esa persona no era él.

No me lo podía creer. Aquel desconocido había sido amigo de mi padre. Todo aquello era surrealista. Me senté en un taburete y apoyé la espalda contra los libros.

—No te preocupes, Blake. Para encontrar el camino al que estás destinado primero tienes que perderte en él. A veces necesitamos desviarnos para poder orientarnos. Todo lo que has pasado, desde la pérdida de tus seres queridos hasta tu destino en Irak, ha sido una preparación.

—¿Una preparación? —repetí, aturdido.

—Claro. Si no hubieras pasado por todo eso, no estarías ni mucho menos preparado para escuchar lo que he venido a enseñarte. La vida tenía que destruirte para que tú pudieras reconstruirte mejor. Aguarda a ver los cambios que te esperan, muchacho. Antes de que te des cuenta siquiera, serás la estrella de la compañía —afirmó con vehemencia.

—¿Una estrella? —pregunté.

Tommy, al instante, alzó un puño en el aire y comenzó a menear las caderas, al estilo de Mick Jagger pero en patético.

—Sí, una estrella —repitió riéndose.

—Pero si a mí me cuesta lo mío llegar hasta el final del día... Mira, ya sé que intentas ayudar y de verdad que es alucinante que conocieras a mi padre, pero no tienes ni idea de lo que he pasado. Todavía me asaltan imágenes de la guerra cuando menos me lo espero. La mayoría de las noches me cuesta conciliar el sueño, así que casi siempre estoy agotado. Y aunque ya hace tiempo que volví, la relación con mi novia no tiene nada que ver con la que teníamos antes de que me marchara. Así que mi objetivo no es convertirme en una «estrella» en el trabajo. Mi objetivo es sobrevivir.

Tommy se cruzó de brazos y me miró a los ojos.

—Te entiendo —me aseguró muy serio—. Y respeto lo que me dices, Blake. Pero, por favor, solo te pido que estés abierto a lo que he venido a compartir contigo. Mi vida también era un desastre, pero cambió por completo. Fue como un milagro. Y te garantizo que a ti te pasará lo mismo. Hace años le prometí a tu padre que te ayudaría, pero nunca encontraba el momento apropiado para venir a verte. De pronto, un día, por un capricho del destino, vi tu nombre en una de las solicitudes de trabajo que recibimos en la empresa. Una de las cosas buenas de ganar el premio de Vendedor Número Uno, además de la bonificación en metálico y el viaje al Caribe, es que puedes sentarte en el departamento de contratación, desayunar con el equipo ejecutivo e intercambiar ideas para mejorar la empresa. Me di cuenta de que aquella era mi oportunidad de llegar hasta ti y compartir contigo una filosofía de liderazgo en los negocios y de éxito en la vida que yo aprendí hace muchos años, cuando andaba algo perdido en mi viaje personal y profesional. ¡Imagínate que llegaras a ser tan bueno en lo que haces aquí que cuando entraras por la puerta todas las mañanas la gente empezara a aplaudir y a aclamarte, como pasa con Coldplay, U2 o Green Day! —exclamó Tommy, cada vez más entusiasmado.

La idea me hizo reír. A lo mejor sí que tenía su gracia eso de ser la estrella de la empresa. Y desde luego quería tener la oportunidad de ganar el viaje a Aruba, y el dinero.

Tommy continuó:

—Y ahora imagínate que no solo llegas a la cima en tu carrera, sino también en cuestiones de salud y en tus relaciones y en tu felicidad. Yo puedo enseñarte cómo lograr todo eso. Y es mucho más fácil de lo que seguramente crees.

—Esa chapa con las siglas LSC ¿tiene algo que ver con lo que quieres enseñarme? —pregunté, cada vez más curioso.

—Muy bien. —Tommy dio una palmada—. Esto va a ser más sencillo de lo que pensaba. Sí, LSC es el núcleo del método que estás a punto de descubrir. Es una forma profundamente simple y a la vez simplemente profunda de trabajar y de vivir. El día que cuatro maestros muy especiales me enseñaron esto, experimenté un cambio trascendental. Un poder natural despertó dentro de mí. Ya no volví a ser la misma persona. Sé que todo esto parece de lo más raro e increíble, Blake, pero fue exactamente así como ocurrió. De hecho, casi inmediatamente después de que se me revelase este proceso, empecé a ver el mundo con otros ojos, y las consecuencias eran increíbles.

Yo estaba intrigadísimo. Escéptico, sí, pero fascinado. Mi instinto me decía que, por raro que pareciera todo aquello, aquel hombre no mentía.

—¿Tanto poder tiene esa filosofía que has descubierto?

—Pues sí. —Tommy frotó distraído las letras LSC de su chapa—. Así es... —añadió, luego se quedó callado y jugueteó un rato con su pelo.

La librería empezaba a llenarse y mi café se había quedado helado. Por un momento me distraje y entonces decidí hacer de abogado del diablo.

—Tommy, espero que no te molestes pero, si esto del LSC es tan especial, ¿por qué sigues trabajando en la librería? ¿No podrías jubilarte? Y perdona pero te han trasladado aquí y ni siquiera te han hecho mánager. Estás en el mismo nivel que yo. No parece que tus enseñanzas te hayan servido de mucho, ¿no? —comenté, sarcástico.

Observé atentamente su reacción. Esperaba que se pusiera a la defensiva o incluso que se enfadase, como hace la mayoría de la gente cuando la desafías. Pero Tommy era todo cortesía. Permaneció en silencio, inmóvil. Al rato, respiró hondo y sonrió.

—Buena pregunta, Blake. Eres sincero y eso me gusta. Hay que pulir un poco las aristas, sí, pero veo que dices lo que piensas. Y esa es una gran cualidad. Bien, en primer lugar tienes razón con lo de la jubilación. De hecho, la semana pasada cumplí setenta y siete años.

—Felicidades, Tommy —le interrumpí, un poco arrepentido, acordándome de que mi abuelo decía de mí que era un corazón con dos piernas y sintiéndome algo avergonzado por mi rudeza. No podía ser tan duro con Tommy. Era un anciano y mis padres me habían enseñado a tratar a los ancianos con el mayor de los respetos.

—Gracias. La verdad es que me siento joven. La edad no es más que un estado de la mente, una etiqueta que utiliza la tribu para encasillar a la gente y poner límites a todo lo que pueden. Yo prefiero no dirigir mi vida a partir de las etiquetas. Pero sí, podría haberme jubilado y sin embargo sigo trabajando para esta empresa. Llevo con ellos más de cincuenta años.

—Caramba...

—La cuestión es esta: ¿por qué iba a dejar un trabajo que me gusta tanto? ¡Me lo paso de miedo! Y hacer un trabajo que me gusta es una manera de mantenerme joven por dentro. Aquí tengo la oportunidad de ser creativo y de ejercitar la mente resolviendo problemas. Puedo hacer nuevos amigos tratando maravillosamente a los clientes todos los días. Y tengo la posibilidad de inspirar a mis compañeros de trabajo con el ejemplo positivo que he decidido dar. Además, estoy muy contento porque hacer un buen trabajo es una de las tácticas mejores y más sencillas para ser feliz. Y todo esto da sentido a mi vida.

—Oye, siento haber sido un poco brusco —masculló, todavía sentado en el taburete, mirando hacia arriba al hombre que, como empecé a darme cuenta en ese momento, iba a convertirse en el mentor que tanto necesitaba.

—No te preocupes. Pero permíteme que te conteste

también a por qué no me han hecho mánager, porque eso concierne al núcleo de la filosofía LSC. Ni quiero ni necesito ser mánager. Simplemente no me interesa.

—¿Qué significa LSC, Tommy? —pregunté, cada vez menos en guardia y más fascinado.

—Bueno, lo primero que hay que decir es que no tiene nada de mágico. Es una manera real y enormemente práctica de hacer negocios y llevar una vida. Como sabes, el mundo está experimentando un cambio profundo. Vivimos un momento de lo más incierto, de excepcional turbulencia. Lo que antes funcionaba ya no funciona.

—En eso estoy de acuerdo. Cada día trae nuevas dificultades y más confusión. Esta empresa se halla en un momento crítico. Mis clientes me cuentan que la vida cada vez les resulta más complicada. Y todas las personas con las que hablo están estresadísimas con tanto cambio. ¿Cuál es la solución, Tommy?

—El liderazgo —fue su respuesta. Y añadió—: Solo hay una forma de que una empresa salga victoriosa en este nuevo mundo, Blake. Ninguna otra solución dará resultado.

—¿Y de qué se trata?

—Desarrollar el talento para el liderazgo de cada una de las personas de la empresa, y hacerlo más deprisa que la competencia. Para una empresa, la única manera de que no se la coman es fortalecer las capacidades de sus trabajadores para que sean líderes en todo lo que hacen. Desde el conserje hasta el director ejecutivo, todos deben ejercer el liderazgo y asumir la responsabilidad del éxito de la empresa. Esta idea es aplicable a cualquier organización, no solo a una compañía de negocios. Las organizaciones sin ánimo de lucro necesitan formar líderes en todos los niveles. Las industrias necesitan formar líderes en todos los niveles. Los gobiernos y las ONG necesitan formar líderes en todos los niveles. Las ciudades y las comunidades necesitan formar líderes en todos los niveles. Incluso los colegios y las universidades tienen que asimilar la idea de que cada uno de nosotros tenemos el poder de ejercer el liderazgo en todo lo que hacemos. Si es que todas estas organizaciones quieren sobrevivir y avanzar en estos tiempos de cambios radicales.

—Nunca había pensado en el liderazgo en esos términos, Tommy. Siempre había pensado que los líderes son los que dirigen una organización, sea un ejército sea un negocio.

—Todos necesitamos empezar a ejercer el liderazgo, Blake, independientemente de cuál sea nuestro cargo. Decir que no tienes un puesto elevado y por tanto no tienes por qué considerarte responsable de los resultados de la organización ya no es una excusa. Para alcanzar el éxito, cada uno debe considerarse a sí mismo parte del equipo líder. Para liderar, ya no hace falta una autoridad oficial, solo el deseo de implicarse y el compromiso de dejar una huella positiva. La Madre Teresa lo expresó muy bien: «Si cada uno barriera la puerta de su casa, el mundo estaría limpio».

—O sea que para ser líderes tenemos que empezar por ser excelentes en lo que hacemos, ¿es eso?

—Exacto. —Tommy entonces se subió a un taburete del

pasillo. Empezó a mover las manos como un director de orquesta. Cerró los ojos. Comenzó a tararear. Ese hombre era tronchante. Un tío raro, es verdad, pero divertidísimo.

—¿Qué haces, Tommy? —exclamé; aquel comportamiento era increíble. Unos cuantos clientes lo miraban divertidos. Un niño que tenía en las manos un libro de *Jorge el curioso* lo señaló y se echó a reír.

—¿Qué pasaría con una sinfonía si un miembro de la orquesta tuviera el instrumento desafinado y no fuera un músico excelente?

—Entiendo. Su música sonaría fuera de tono y en conjunto sería un desastre —contesté, señalando lo obvio pero apreciando la demostración visual de mi mentor.

Tommy permaneció de pie en el taburete y acto seguido fingió que era un actor.

—«Sé sincero contigo mismo, y de ello se seguirá, como sigue la noche al día, que no podrás ser falso con nadie» —declamó modulando la voz en plan dramático y hablando en lo que supuse era el inglés de Shakespeare.

—¿Y eso ahora a qué viene? —pregunté mientras, con los brazos cruzados, meneaba la cabeza como si estuviera atónito.

—En el teatro se dice que ningún papel es pequeño. Y eso mismo vale para los negocios, Blake. Es algo parecido a la metáfora de la orquesta. La única manera de que cualquier organización, y cualquier ser humano, progrese en estos tiempos de cambios revolucionarios es comenzar a funcionar bajo un modelo revolucionario de liderazgo. Y este modelo consiste en crear un entorno y una cultura donde cada uno necesite ejercer el liderazgo, donde cada uno apunte a la innovación, donde cada uno inspire a sus compañeros, donde cada uno esté abierto al cambio, donde cada uno asuma responsabilidades por los resultados obtenidos, donde cada uno sea positivo y donde cada uno se entregue sin reservas a dar lo mejor de sí mismo. Y una vez esto sea una realidad, la organización no solo se adaptará perfectamente a las condiciones cambiantes, sino que además será líder en su campo.

—¿Quieres decir que en esta empresa ya no necesitamos cargos? Me parece que al director ejecutivo no le gustaría demasiado esta revolucionaria filosofía del liderazgo, Tommy —comenté con sinceridad, bebiendo un sorbo de mi café frío.

—No. En este punto quiero ser absolutamente claro. No estoy diciendo que una organización no necesite una jerarquía. Desde luego que la necesita. Necesitamos que el equipo ejecutivo plantee su visión, dirija el barco y asuma la responsabilidad final de los resultados. La jerarquía y las estructuras mantienen el orden y se encargan de que todo progrese bien. Lo que digo es que para que una empresa triunfe en medio de las turbulencias del mundo empresarial de hoy en día, cada uno de nosotros tenemos que asumir una responsabilidad personal convirtiéndonos en el director ejecutivo de nuestro propio papel en la organización y ejerciendo el liderazgo dentro de nuestra posición. Todos debemos ser líderes allí donde estamos, destacar en el punto donde nos encontramos. Todos los trabajos son importantes. Y el maravilloso resultado de ejercer el liderazgo dentro de tu área de influencia es que cuanto más lo hagas, más se expandirá tu área de influencia. Es una gran idea, Blake. Independientemente de cuál sea tu posición en la jerarquía oficial, tienes un control absoluto sobre el trabajo que realizas. La mayor capacidad que tiene el ser humano es decidir cómo responde a su entorno. Y cuando cada uno de nosotros decida optar por la excelencia en el trabajo y el liderazgo personal, la organización ascenderá muy rápidamente.

—Entonces, ¿qué significa LSC? —insistí.

—En primer lugar, es una filosofía para el trabajo y la vida que cualquier persona de cualquier edad y cualquier punto del mundo puede aplicar ahora mismo para desarrollar su propio «líder interior» y experimentar unos resultados espectaculares en cuestión de minutos. Todos llevamos un «líder interior» que está deseando que lo liberen. Todos poseemos una capacidad natural para ser líderes que no tiene nada que ver con un alto cargo ni con la edad ni con dónde vivimos. Una chica de veintiocho años que trabaje en atención al cliente en una multinacional de Los Ángeles puede acceder a su líder interior utilizando el método que pronto vas a aprender, y de esta manera entrar en una realidad completamente nueva en cuanto a los resultados que obtiene y las recompensas que recibe. Un ejecutivo de treinta y cuatro años de San Francisco tiene un líder interior que ansía ver la luz del día tanto como un empresario de cuarenta años de Salt Lake City. Un estudiante de dieciséis años de Boston puede acceder a su líder interior y de esta manera alcanzar un sorprendente nivel de excelencia en sus estudios, en sus actividades extraescolares y en la influencia que ejerce sobre sus compañeros.

—Ahora lo entiendo bastante mejor, Tommy. Cualquier persona en cualquier parte del mundo puede dar el paso y asumir la responsabilidad de impulsar el cambio, buscar la excelencia y conocer el liderazgo. Un soldado que viva en Washington, DC, puede decidir dejar una huella positiva tanto como un maestro de Tokio, un piloto de Perú o cualquier persona en cualquier lugar y posición. Todos llevamos dentro ese potencial de liderazgo. Lo único que necesitamos es ser conscientes de ello y reconocerlo. Si la gente de todas las organizaciones, de las empresas a los gobiernos, de las comunidades a las escuelas, abrazaran este concepto, el mundo entero se transformaría.

—Vaya, eso es lo que intentaba decirte, amigo —me animó Tommy—. Y una vez que despiertes tu líder interior, deberías ponerlo en práctica todos los días, porque cuanto más utilices este poder, mejor lo conocerás y más fuerte se hará. Y una cosa más, Blake.

—Dime.

—No puedo explicarte qué significa LSC —me dijo en tono pícaro, aumentando todavía más el misterio y frotando de nuevo aquellas siglas de su chapa—. Solo los cuatro maestros que me enseñaron esta filosofía tienen permitido explicar lo que significa. Y solo lo harán bajo las condiciones más especiales.

—Por favor, Tommy, dímelo —supliqué.

—No puedo. Por lo menos todavía no. Ah, y volviendo a la cuestión de por qué no soy mánager, quiero que sepas que en los últimos años me han ofrecido el puesto muchas veces. Si de verdad quieres saberlo todo, me han ofrecido incluso ser vicepresidente en más ocasiones de las que recuerdo, Blake. Coche de empresa, cuenta de gastos, despacho enorme y todo eso. Pero no es eso lo que quiero. El liderazgo no tiene nada que ver con las ventajas materiales. El liderazgo tiene que ver con la excelencia de tu trabajo y de tu comportamiento. Como ya he apuntado, se trata de realizar magníficamente tu trabajo en el puesto en que te encuentres. Se trata de estimular a cada una de las personas con las que trabajas y a las que atiendes. LSC es un secreto profundamente fundamental y sin embargo olvidado: no hace falta tener un cargo para ser líder.

—Una idea estupenda.

—La gente que está hoy en día en el mundo de los negocios ha malinterpretado el liderazgo. Están tan equivocados... Creen que es algo propio únicamente de los ejecutivos que dirigen las compañías.

—O los que dirigen un país.

—Exacto. Y eso no es verdad, Blake. Te lo repito porque es muy importante: todo el mundo puede ser líder. En realidad, para formar una organización de verdad excelente, todas las personas que trabajan en ella deben ser líderes.

Tommy se quedó callado un momento y volvió a jugar con su pelo; reflexionaba sobre lo que acababa de decir. Luego prosiguió con entusiasmo, de nuevo en el suelo.

—Así, durante estos años, todas las mañanas he dejado mi ego en casa y he acudido a la librería mucho más preocupado por realizar un trabajo excelente, por apoyar a mis compañeros y por ejercer un verdadero liderazgo, que por que aparezca un título molón en mis tarjetas de visita.

Estaba impresionado. Tommy parecía ser un hombre de honor. No había conocido a muchos como él desde que salí del ejército y volví a la vida civil. Estaba contentísimo de haberlo encontrado, pero no pude evitar preguntarle:

—¿Tienes tarjetas propias? Yo no —comenté, algo decepcionado.

—Sí, ten —contestó, sacándose una del bolsillo para enseñármela.

En la tarjeta, con letras doradas, ponía:

Bright Mind Books Inc.
5555 Quinta Avenida
Nueva York

TOMMY FLINN
Ser humano

—¡Tu puesto en la empresa es «ser humano»! —exclamé—. ¡Qué chulo! ¡Me encanta!

—Como ya te he dicho, Blake, no hace falta tener un cargo para ser líder. Solo hace falta ser persona. Con eso basta, no se necesita más. Porque todos los que vivimos hoy en el mundo poseemos unos poderes y un potencial que no reconocemos y que supera con mucho el poder que pueda darte un título. En cuanto aprendas a despertar y luego aplicar esos poderes, todos los elementos de tu vida alcanzarán el éxito. El liderazgo se convertirá entonces en algo automático, el punto de partida. No concebirás otra manera de funcionar.

—Me gusta mucho todo lo que dices. La verdad es que escuchándote me siento de lo más optimista, Tommy —dije con sinceridad—. Quiero alcanzar ese éxito del que hablas. Y lo quiero ya.

—Eso es exactamente lo que me pasó a mí el día en que conocí a los cuatro maestros especiales de los que te he hablado. Me revelaron la filosofía del LSC y ya no volví a ser el mismo. Alcancé una comprensión profunda de lo que es el verdadero liderazgo. Los cargos dejaron de importarme. Tener un gran despacho dejó de importarme. Ganar un sueldazo dejó de importarme. Ya solo me preocupaba dar lo mejor de mí mismo en el trabajo y ofrecer una contribución excelente en cada momento de mi vida. Y, curiosamente, a medida que se extendió el rumor de lo que estaba haciendo, los altos ejecutivos me pusieron la alfombra roja. Me ofrecieron cargos, me suplicaron que aceptara un buen despacho, querían pagarme más que a cualquier otro vendedor de la empresa.

—Qué ironía... Cuando menos te importaban las recompensas que a casi todos nos preocupan, más te ofrecían.

—Miré a aquel hombre con el pañuelo de Mickey Mouse en el chaleco y esa chispa en los ojos.

—Fue increíble —prosiguió él—. Y tienes razón: era una actitud contraria a la que adopta la mayoría de la gente en el trabajo. Cuanto menos necesitaba esas cosas que tanto preocupaban a todos y más me concentraba en hacer un trabajo excelente y en reflejar un auténtico liderazgo en mi comportamiento, más aparecían esas cosas en mi vida, casi por casualidad. Pensándolo bien, es una verdad realmente inaudita —comentó Tommy, rascándose pensativo el mentón.

—Entonces, ¿rechazaste el dinero que te ofrecieron? —No pude evitar preguntarlo.

—No. Acepté el dinero. —Tommy se echó a reír.

Yo también me reí. Aquel tipo empezaba a gustarme. Cada vez me recordaba más a mi padre. Entendía que hubieran sido buenos amigos.

—Lo que trato de decirte, Blake, es que jamás he ostentado un cargo en esta compañía. Empecé por abajo. Mucha gente va a trabajar pensando que cuando tenga un puesto mejor y más responsabilidad se entregará en cuerpo y alma y hará un esfuerzo extra en todo lo que haga. Pero, que yo sepa, solo en un restaurante te dan primero lo bueno y luego pagas. En el trabajo, y en la vida en general, hay que pagar el precio del éxito antes de recoger las recompensas. A propósito, que todavía no hayas recibido los beneficios de tus buenas acciones no significa que no te llegarán. Cada uno cosecha siempre lo que siembra. Quien siembra vientos, recoge tempestades. Siempre obtendrás lo que mereces. Una buena acción, por pequeña que sea, pone en marcha una buena consecuencia. Por cierto, ningún gran hombre de negocios, y me refiero al mejor entre los mejores, ningún gran explorador, artista o científico, hizo lo que hizo por dinero.

—¿No?

—Claro que no. Piensa en Roosevelt, en Mandela, en

Edison o en Einstein. Su motivación no era el dinero. Su motivación era el desafío, la posibilidad de ir más allá, el deseo de hacer algo grande. Y esa motivación es lo que los convirtió en leyendas.

—Qué interesante.

—Mira, yo soy el primero en admitir que el dinero es importante para vivir de la mejor manera posible. El dinero te da libertad, disminuye el estrés, te permite cuidar de tus seres queridos.

—Y ayudar a otros —añadí—. He oído que la mejor manera de ayudar a los pobres es no convertirte en uno de ellos.

—Es verdad, Blake. Me la apunto. Pero el dinero no es más que un efecto secundario cuando das lo mejor de ti mismo y haces un poco de TRE.

—¿Qué es TRE?

—Trabajo Realmente Excepcional, amigo mío. A esos cuatro maestros geniales que conocerás antes de lo que piensas les encantan los acrónimos. Y se ve que a mí se me ha pegado, no sé por qué. Desde luego es una costumbre un poco rara.

—Un poco sí, la verdad.

—Oye, ¿qué hay de malo en ser algo excéntrico? Ver a tanta gente cortada por el mismo patrón es decepcionante. No puedes ser creativo, innovador y todas esas cosas si te da miedo pensar, sentir y ser diferente. Sé original, Blake. Piensa en ello. Nunca habrá una copia exacta del Blake Davis que tengo delante. En el mundo entero solo hay, y habrá, un tú. Y nadie puede ser mejor tú que tú mismo.

—Es un planteamiento fascinante. Supongo que soy más especial de lo que creía. Creo que desde que volví de la guerra he estado muy desanimado, pero desde que te conozco me siento mejor. Gracias. Ojalá todos mis compañeros del ejército pudieran conocerte y oír lo que estás compartiendo conmigo.

—Bueno, no te preocupes, les ayudaremos. Y con tu colaboración haremos llegar este mensaje a todos los habitantes del planeta que estén dispuestos a sacar lo mejor de sí mismos y ser líderes en todo lo que hacen. Creo que la gente está preparada para escuchar esta filosofía. La vida es muy corta y los seres humanos empiezan a ser conscientes de su responsabilidad de llegar a la cima de sus posibilidades y dejar huella. ¿Sabes que una vida media solo tiene novecientos sesenta meses?

—¿En serio? Dicho así, no parece que vivamos mucho tiempo, Tommy.

—No vivimos mucho tiempo. Solo unos veintinueve mil días.

—Caramba... Novecientos sesenta meses o veintinueve mil días. Esto no se me va a olvidar.

—De manera que el momento de alcanzar el verdadero liderazgo es ahora. Como te decía, nunca he tenido un cargo alto, y a medida que mi reputación fue creciendo en la empresa, me negué a aceptar ninguno. No lo necesitaba para hacer mi trabajo. Por mi comportamiento recibí más honores y respeto que los que jamás creí merecer. Me encargaron tareas fantásticas. Los cargos más importantes de la compañía comenzaron a escuchar mis consejos para mejorar las operaciones. Disfruté de esos viajes al Caribe de los que tanto se habla. Y desde luego me llovía el dinero. No hace falta tener un cargo para ejercer el liderazgo, amigo. No hace ninguna falta —repitió con vehemencia.

Tommy se miró el reloj; en la esfera había un dibujo de Bob Esponja. No comenté nada. Aquel tipo era más raro que un perro verde, pero a mí me gustaba. Y estaba claro que bajo aquella extraña apariencia y la novedosa filosofía que me estaba revelando, tenía un gran corazón.

—En fin, que me tomo muy en serio mi trabajo, y ya llevamos demasiado rato charlando, Blake. Eso no me parece bien. Sé que en esta librería hay que mejorar muchas cosas, pero tengo que decirte que es una empresa muy especial y que tienes mucha suerte de estar aquí. Gracias por tu tiempo.

—No, Tommy —repuse, un poco sorprendido por el brusco fin de la conversación—. Soy yo quien tiene que darte las gracias. He aprendido mucho.

—De nada. Y recuerda, amigo, todo se resume en LSC. No solo en el trabajo, sino en la vida. Como ya te he dicho, comprenderás de qué hablo antes de lo que imaginas. Prepárate para una gran transformación. Vas a alcanzar más éxito en el trabajo y más felicidad personal de la que imaginaste en tus más magníficos sueños. Te convertirás en una estrella en esta empresa. Estoy muy ilusionado por ti —dijo, me hizo un guiño y alzó una vez más el puño.

—Sí, yo también empiezo a estar ilusionado.

—Ah, antes de llevarte a este viaje tan especial hacia el liderazgo, necesito hacer un trato contigo, Blake. Si no estás dispuesto a hacer lo que necesito que hagas, entonces, por más que me haya gustado nuestro encuentro, no podría llevarte a conocer a los cuatro maestros.

—¿Qué trato es ese? —pregunté, un poco temeroso de perder lo que me parecía una gran oportunidad de transformar mi anodina vida. Me sorprendía que Tommy me impusiera una obligación.

—No te preocupes, es una exigencia que no te va a costar mucho esfuerzo. De hecho, cuando aprendas la filosofía de liderazgo, creo que harás lo que te voy a pedir de una manera automática.

—¿De qué se trata?

—De que me hagas una promesa.

—¿Qué promesa?

—Que compartirás las ideas y el método que aprenderás de los cuatro maestros con todas las personas que puedas, Blake. Tu recompensa es que mejorarás profundamente la vida de más personas de las que jamás hubieras podido imaginar. Mi recompensa es que habré cumplido la promesa que hice a los cuatro maestros.

—¿Te hicieron prometer lo mismo? —pregunté.

—Sí. Y ahora que he conocido el increíble poder de sus lecciones, sé exactamente por qué lo hicieron. Estos maestros son cuatro de las personas más dotadas y nobles que he conocido en mi vida. Saben que su filosofía puede transformar la vida de cualquiera y elevar increíblemente organizaciones enteras. En realidad, no tengo ninguna duda de que lo que te revelarán puede ayudar a que naciones enteras realicen espléndidos avances. Así pues, puesto que ellos solo desean ayudar a que la gente saque lo mejor de sí misma y hacer un mundo mejor, me pidieron que les prometiera que divulgaría sus enseñanzas. Por eso he venido hoy, Blake. Y por eso te estoy pidiendo a ti eso mismo.

—Muy bien, estoy de acuerdo. Hablaré de esta filosofía especial con toda la gente que pueda. Si es tan genial como dices, quizá hasta escriba un libro. Así todo el que lo lea podrá ayudarnos a extender el mensaje de liderazgo. Todos podemos poner de nuestra parte para mejorar a las personas, las empresas y las naciones. O sea que sí, Tommy, estoy totalmente de acuerdo.

—Perfecto.

Y con eso se marchó, dejándome a solas con los libros y con los pensamientos que se agolpaban en mi mente. El corazón me latía frenético, hacía años que no me latía así. Empecé a sentirme vivo de nuevo. Empecé a sentir de nuevo la esperanza.

Pero eso fue entonces, y ahora es ahora. Hace ya mucho de aquel primer encuentro con Tommy Flinn. Todavía me cuesta creer lo deprisa que ha pasado el tiempo. Supongo que la vida es así: los días se convierten en semanas, las semanas se convierten en meses, y todo pasa en un abrir y cerrar de ojos. La buena noticia es que las promesas que Tommy me hizo aquella mañana de lunes en la librería del SoHo resultaron ser ciertas. Todas y cada una de ellas.

Al aprender la misteriosa filosofía de la que me habló, mi mundo se transformó radicalmente. Al seguir las lecciones de los cuatro geniales maestros, obtuve increíbles resultados en mi carrera. Al asimilar las ideas que él y ellos me trajeron, alcancé por fin la felicidad y la paz interior que jamás había conocido. Y, tal como me dijo Tommy, todo llegó mucho más deprisa de lo que podía imaginar.

Me enorgullece poder decir que ahora soy uno de los vicepresidentes más jóvenes de la historia de Bright Mind Books. Viajo por toda esta gran nación visitando distintas librerías, estableciendo acuerdos comerciales y formando líderes en todos los niveles de nuestra empresa, que se está expandiendo rápidamente. Tenemos grandes beneficios y nos respetan tanto por la calidad de nuestro trabajo como por la excelencia de nuestro servicio. No solo me encanta mi trabajo, sino también mi vida. Tengo una salud de hierro, estoy felizmente casado con la que antes era mi novia y tengo dos hijos fantásticos. Ahora veo mi servicio en la guerra como un valioso período de desarrollo personal que al final me hizo más fuerte, más sabio y mejor persona. Y la carrera que antes consideraba un callejón sin salida se ha convertido en algo muy parecido a una obra de arte.

Pero lo que de verdad quiero compartir contigo es que no solo he alcanzado el éxito: ahora me siento importante. Mi vida importa. El mundo será un poco mejor porque yo he estado aquí. ¿Y qué podría ser más perfecto que eso?

El encuentro con Tommy aquel lunes por la mañana me ha traído hasta aquí. Y en aquel trascendental momento le prometí que difundiría los secretos que aprendiera. Para mí es un honor compartirlos ahora contigo. Abróchate el cinturón de seguridad, porque el viaje va a ser de vértigo.

3

El triste precio de la mediocridad y la espectacular recompensa del liderazgo

> Solo los mediocres mueren siempre en su mejor momento. Los líderes auténticos siempre están mejorando y elevando el listón de la calidad de sus actos y la velocidad de sus movimientos.
>
> JEAN GIRAUDOUX

Al día siguiente de nuestro encuentro en la librería, Tommy me dijo que solo necesitaba un día para mostrarme todo lo que debía saber.

—Dame solo un día, Blake —me pidió—. Conocerás a los cuatro maestros que me enseñaron las cuatro lecciones que forman el núcleo de la filosofía del LSC. Ellos te ayudarán a alcanzar el éxito que siempre has deseado simplemente explicándote lo que de verdad es el liderazgo. No quiero parecer un disco rayado, pero el liderazgo no es solo para altos ejecutivos, generales del ejército y la gente que gobierna los países. El liderazgo es para todos. Y en este momento de cambios radicales en el mundo empresarial y en la sociedad, es la disciplina más importante para quien quiera salir vencedor.

—Y lo único que necesito para convertirme en líder es ser un ser humano, ¿no?

—Exacto. Si puedes respirar, puedes liderar —afirmó en un tono tan positivo que hizo que me sintiera mejor conmigo mismo y más optimista con el futuro.

Total, que unos días más tarde salía yo de Nueva York un sábado por la mañana temprano —una taza de café y mi entusiasmo me mantenían despierto al volante de mi coche— rumbo al lejano punto donde Tommy me había citado. Había insistido en que debía llegar a las cinco en punto de la mañana, afirmando que era «la mejor hora del día». Así pues, como no era cuestión de decepcionar a mi nuevo mentor, acepté de mala gana.

El rock sonaba a todo trapo dentro del coche mientras dejaba atrás los rascacielos y las calles desiertas de la ciudad, salía de Manhattan y tomaba la autopista que me llevaría a mi destino. Cada vez estaba más ilusionado. No tenía ni idea de lo que me depararía el día, pero desde entonces he aprendido que la incerteza es un regalo precioso. A casi todos nos da miedo lo desconocido. No debería ser así. Lo desconocido no es más que el comienzo de una aventura. Una oportunidad de crecer.

«Para en el cementerio Rosemead —ponía en las instrucciones que Tommy me había escrito—. Verás mi coche aparcado a un lado. Dejaré los intermitentes encendidos para que veas mejor dónde debemos encontrarnos.»

A eso de las cinco menos diez salí de la carretera principal y enfilé un camino de grava que según el mapa me llevaría a donde tenía que ir. Altos pinos se alzaban al cielo. Una ligera bruma cubría la tierra. A mi izquierda se hallaba el claro que mencionaban las instrucciones. No sabía por qué habíamos quedado en un cementerio, pensé que Tommy querría mostrarme algún lugar cercano y que el cementerio era un sitio conveniente —e inolvidable— para encontrarnos y empezar el día juntos.

Al acercarme un poco más vi una escena increíble. Allí, a un lado del camino, estaba el coche de Tommy. Tenía los intermitentes encendidos, como había dicho. Dentro no había nadie. Pero lo que me dejó pasmado fue el modelo del vehículo. ¡Era un Porsche 911S nuevo y reluciente! Y en la matrícula personalizada se reía: LDRSRUS. Moví la cabeza. Sonreí. Desde luego, aquel tipo era todo un personaje. Aquel extraño librero que rechazaba la noción de las elevadas dietas y los enormes despachos a favor de un modelo revolucionario de liderazgo para estos tiempos revolucionarios poseía el coche de mis sueños.

Frené detrás del Porsche y apagué el motor. El silencio era casi sobrenatural en aquel camino oscuro. En la colina del claro vi una figura solitaria y supuse que sería Tommy. Estaba inmóvil en el cementerio.

Tuve que echar mano de toda mi energía para recorrer aquel sendero, arriba, en la loma cubierta de hierba, pasar las cruces que llenaban el cementerio y llegar hasta Tommy. Me di cuenta de que empezaba a tener miedo. Al fin y al cabo, todavía era de noche, estaba en un cementerio y en realidad apenas conocía a Tommy. Aunque había hablado de él con algunos empleados de la tienda. Y todo lo que me había dicho era rigurosamente cierto, hasta el último detalle.

Era verdad que aunque tenía setenta y siete años se le consideraba el mejor empleado de la empresa. Era verdad que había ganado todos aquellos lujosos viajes al Caribe y los demás jugosos premios. Cobraba un sueldo excelente y le habían ofrecido muchos altos cargos. Todos los ejecutivos de la organización lo trataban con el mayor de los respetos y la máxima admiración. Aun así, yo no podía evitar sentir que aquella cita temprana en un cementerio no era lo más sensato que había hecho en mi vida. Sin embargo, una especie de susurro interior me animó a seguir adelante. Y eso hice.

Cuando me hallaba cerca del lugar donde Tommy me esperaba, los primeros rayos de sol asomaban por el horizonte y la luna llena se desvanecía poco a poco. Era una vista muy hermosa.

Seguí acercándome. Ahora veía claramente que era Tommy, aunque me daba la espalda. Llevaba la misma ropa que en nuestro primer encuentro. Delante de él había dos tumbas abiertas. Me quedé de piedra.

Mi primer impulso fue huir de allí. Tal vez ese hombre estaba loco y me había citado en aquel lugar aislado para convertirme en otra de sus víctimas. Cada vez estaba más nervioso. No conseguía poner orden en mis pensamientos. Me detuve.

Tommy se volvió lentamente hacia mí. Llevaba el pelo hecho un desastre, como siempre. Sonreía. Me relajé. El sol se alzaba en el cielo. Iba a ser un día interesante.

—Buenos días, Blake —saludó Tommy con esa confianza que había siempre en su voz—. Llegas puntual, estoy impresionado. Muy impresionado, la verdad. Ya sé que es muy temprano, pero una de las cosas que he aprendido es que los líderes son aquellos individuos que hacen lo que los fracasados no están dispuestos a hacer aunque tampoco sea de su gusto. Tienen la disciplina necesaria para hacer lo que saben que es importante y correcto, en lugar de lo que es fácil y divertido. Pero eso no quiere decir que los mejores líderes no se lo pasen de miedo. Se divierten enormemente. De hecho, gracias a su gran capacidad para alcanzar el éxito y lograr resultados positivos duraderos, acaban disfrutando de más alegrías y diversión que la mayoría. Pocas cosas producen tanta felicidad como saber que estás realizando todo tu potencial, que desempeñas un trabajo brillante y vives tu vida de la mejor manera —afirmó Tommy al tiempo que se quitaba la chapa con las letras LSC—. Toma, esto es para ti, Blake. Por haber tenido el valor de venir. Esa es siempre la mitad de la batalla. Y por tener la mente abierta para aprender la filosofía que he prometido revelarte. LSC significa Liderar Sin Cargo. Y de eso trata todo el método que vas a aprender hoy. Para ser líder no necesitas ningún cargo, amigo mío. Hoy vas a oír eso mismo una y otra vez. Es parte del proceso de entrenamiento que vas a comenzar. El aprendizaje es hijo de la repetición.

—¿Y eso qué significa?

—Significa que la repetición es una poderosa herramienta para la enseñanza. Mediante la repetición, una idea nueva se convierte rápidamente en una convicción. Y dado que es esencial que esa noción de que no hace falta un cargo para ser líder esté en la base de todo lo que hagas, oirás esa frase una y otra vez. «Necesitamos que nos recuerden las cosas, más que nos las enseñen», decía el gran pensador G. K. Chesterton.

—Vale —repuse; me fijé en el brillo de los mocasines de Tommy.

—Estupendo. Bien, como decíamos en la librería, el liderazgo no es un complicado arte reservado para unos pocos elegidos doctorados en Harvard con una impecable posición social. Todos nosotros, por el mero hecho de ser personas, podemos ser líderes. Y con el cambio radical que nuestra sociedad está experimentando en estos momentos, el liderazgo es la cualidad más importante que hay que dominar para tener éxito en los negocios. El otro día se me olvidó mencionar que el liderazgo no es solo algo que se ejerza en el trabajo. Tenemos que practicarlo en todos los aspectos de nuestra vida. Para alcanzar una vida plena es importantísimo que apliquemos el liderazgo en nuestra salud, con nuestros seres queridos, en nuestras finanzas y en nuestra comunidad. Lo esencial es que la base de todo esto es el liderazgo con uno mismo. Si no puedes guiarte a ti mismo, jamás podrás guiar a nadie. He aquí la primera revelación. «Encontrar el centro de la fuerza dentro de uno mismo es a la larga la mejor contribución que podemos realizar hacia los demás», dijo el psicólogo Rollo May. —Tommy aspiró entonces una bocanada de aire fresco—. Es un gran día para estar vivo, Blake. Si no me crees, basta que pienses en la alternativa —añadió, dándome un codazo en broma.

—Gracias por el regalo, Tommy —dije mientras me ponía el colgante. Por fin Tommy me había revelado lo que significaban las siglas LSC: Liderar Sin Cargo. Me gustaba cómo sonaba aquello.

—No, de nuevo, gracias a ti por haber venido hasta aquí a estas horas —respondió mi mentor—. Levantarse temprano es una de las prácticas cotidianas que los Líderes Sin Cargo realizan con absoluta firmeza. Esto me recuerda las palabras de Ben Franklin: «Ya tendrás tiempo de sobra para dormir cuando estés muerto». —Tommy miró las tumbas.

—No se andaba con rodeos —comenté yo.

—Y dio justo en el clavo. Es muy fácil dormir demasiado. Muchos nos quejamos constantemente de que nos falta tiempo pero desperdiciamos el que tenemos. Si todos los días te levantas una hora antes de lo que era habitual en ti, dispondrás de siete horas más a la semana. Eso da treinta horas al mes. ¡Casi el horario laboral de una semana cada treinta días! Puedes emplear ese tiempo en dar forma a tus planes, redefinir tu punto de vista y desarrollar tus mejores proyectos. En ese tiempo puedes reflexionar sobre tus valores, eliminar tus barreras internas y replantearte tus pensamientos. Puedes dedicar ese tiempo a aprender y crecer y llegar a la cima de todo lo que haces. Uno de los objetivos principales del viaje en el que te has embarcado, Blake, es mejorar. Sentirse contento está bien, pero no te des nunca por satisfecho. Mejóralo todo. Mejora cada día, implacablemente, apasionadamente.

—Es una buena motivación, pero yo necesito otro café —confesé.

Tommy seguía muy concentrado. Me había oído, pero se limitó a mirar las dos tumbas.

—Oye, ¿de qué va esto de las tumbas? —pregunté—. Es un poco siniestro, hombre. Cuando las he visto he pensado que igual resultaba que eras un psicópata. Pero confío en ti, Tommy. En el fondo confío en ti. Tal vez porque eras amigo de mi padre. No sabes cómo lo echo de menos.

—Yo también. Era un hombre decente y generoso. De pequeño siempre elegía el camino correcto, aunque fuera el más difícil. Bueno, seguro que se sentiría encantado de saber que te encuentras hoy aquí conmigo. Y que estás a punto de realizar enormes cambios en tu manera de trabajar y de vivir la vida.

—Sí, le gustaría —contesté con voz queda.

—He tardado horas en cavar esto. —Tommy señaló los profundos agujeros en el suelo—. Ha sido un ejercicio verdadero para un hombre de setenta y siete años. —Sonrió—. Las tumbas me fascinan. Son un recordatorio implacable de lo corta que es la vida. Mira, al final todos acabamos en el mismo sitio. En un montón de polvo, Blake. Y todas esas cosas que creíamos que eran tan importantes, como los títulos, la riqueza y la posición social, resulta que no lo eran. La tumba del alto ejecutivo puede estar al lado de la del barrendero. Y en tu último día lo único que de verdad importa es si has llegado a conocer a tu líder interior y, en ese caso, si tuviste el valor de permitir que ofreciera al mundo sus dones. Ese es el propósito central de la vida una vez que has descartado las trivialidades. —Tommy guardó silencio un momento y de nuevo aspiró profundamente el aire limpio de la mañana—. Lo más interesante, cuando reflexionas sobre tu propia muerte, es que te revela la mayor certeza de la vida. Mira, echa un vistazo ahí dentro.

Al fondo de la primera tumba había una tablilla de pizarra. Nunca había visto nada parecido. En la piedra había una inscripción en letras mayúsculas.

—Adelante, no tengas miedo a ensuciarte un poco —me animó Tommy; me recordó a uno de mis sargentos de instrucción en el ejército—. Baja y saca la tablilla.

El corazón se me aceleró de nuevo. Las dudas me nublaron la mente. Pero antes de que el miedo se apoderara de mí, me metí de un salto en la tumba, cogí la tablilla y la limpié de tierra. El sol ya estaba alto en el cielo. Allí, dentro de la tumba y sin mirar a Tommy, leí la inscripción: «Los diez arrepentimientos humanos», ese era el título.

—¿Qué significa? —pregunté.

—Sigue leyendo.

—«Los diez arrepentimientos humanos» —leí en voz alta.

1. Llegar a tu último día cuando la magnífica canción que tu vida tenía que cantar sigue en silencio en tu interior.
2. Llegar a tu último día sin haber experimentado el poder natural que posees para crear una gran obra y alcanzar grandes logros.
3. Llegar a tu último día dándote cuenta de que jamás has inspirado a nadie con tu ejemplo.

4. Llegar a tu último día lleno de dolor al darte cuenta de que jamás asumiste grandes riesgos y por tanto jamás obtuviste grandes recompensas.
5. Llegar a tu último día sabiendo que perdiste la oportunidad de ver ni de lejos lo que es la excelencia porque te creíste la mentira de que debías resignarte a la mediocridad.
6. Llegar a tu último día lamentando no haber aprendido nunca a transformar la adversidad en victoria y el plomo en oro.
7. Llegar a tu último día lamentando haber olvidado que el trabajo consiste en ayudar a los demás, no ayudarte solo a ti mismo.
8. Llegar a tu último día sabiendo que has vivido la vida que la sociedad te enseñó a desear y no la vida que verdaderamente querías.
9. Llegar a tu último día y averiguar que jamás realizaste todo tu potencial ni te acercaste al genio en el que tenías que haberte convertido.
10. Llegar a tu último día y descubrir que podías haber sido un líder y transformar el mundo en un lugar mejor. Pero te negaste a aceptar esa misión porque te dio miedo. Así que fracasaste. Y desperdiciaste tu vida.

Yo no sabía qué decir. Por alguna razón inexplicable, me sentía conmovido. Tal vez acababa de leer lo que podría sucederme si no emprendía algunos cambios inmediatos y comenzaba a Liderar Sin Cargo. Tal vez acababa de enfrentarme a mi propia mortalidad. Tal vez Tommy acababa de obligarme a reconocer que en los últimos años había estado haciéndome la víctima, en lugar de asumir mis responsabilidades, culpaba al mundo por el desastre en que se había convertido mi vida. Comprendí que en el fondo todos y cada uno de nosotros creamos la vida que vivimos. Y, a través de mis propios actos y decisiones, yo había terminado con la mía.

Una cosa es segura: lo que acababa de leer era muy profundo. Deseé entonces que la lista de «Los diez arrepentimientos humanos» fuera más conocida. Imagina la pérdida de potencial que podría evitarse si los hombres de negocios conocieran esta lista y se apartaran de los patrones de fracaso bajo los que han estado trabajando. Imagina lo bueno que sería educar a los niños en los colegios siguiendo esa lista. Imagina la de vidas humanas que se salvarían en todo el planeta si «Los diez arrepentimientos humanos» fueran más conocidos y pudieran evitarse a toda costa.

En ese momento algo en mí cambió. Fue mi proverbial momento «Eureka». Un instante de revelación. Y todo cambió. Me prometí a mí mismo que cambiaría drásticamente mi manera de trabajar. Juré que transformaría desde ese instante mi manera de vivir. No volvería a culpar a la guerra por mi incapacidad para reincorporarme a la vida normal. No volvería a culpar a mi jefe por mi incapacidad para realizar un buen trabajo. No volvería a culpar a mi pasado por mi incapacidad para triunfar en el presente. En ese momento, sucio y cansado, dentro de una tumba que mi mentor había cavado antes del alba de ese hermoso día que prometía un nuevo principio, dejé de poner excusas.

Asumí toda la responsabilidad por las consecuencias de mis actos. Y di un paso hacia lo mejor de mí mismo.

—¿Esto lo has escrito tú, Tommy?

—Sí, Blake, sí —contestó mi mentor con voz muy clara mientras se limpiaba las manos con su pañuelo de Mickey Mouse. Estaba muy serio—. El infierno no es más que acabar en esa primera tumba. El infierno no es más que sentir que esos diez lamentos te llenan el corazón en el momento de la muerte. Nada podrá destruir tanto tu espíritu como encontrarte en tu lecho de muerte con esas diez condiciones. El verdadero dolor humano es llegar al final de tus días y darte cuenta de que has desperdiciado tu don más importante: la posibilidad de mostrar tu excelencia al mundo que te rodea. Esta es una de las más importantes revelaciones sobre el liderazgo que puedo compartir contigo, Blake: el potencial sin realizar se convierte en dolor. Y lo más triste es que nos invade la violencia de la mediocridad y una vida pobre. Nos invade en silencio, de manera invisible, hasta que de pronto, ¡zas!, te destroza —exclamó, dando una fuerte palmada.

»Una de las grandes ideas que aprendí de los maestros que estás a punto de conocer es esta: el éxito se crea mediante la realización de pequeñas disciplinas cotidianas que van amontonándose con el tiempo y producen logros que superan con mucho cualquier cosa que pudieras haber planeado. Estos pequeños hábitos de éxito son tan fáciles de lograr todos los días que la gente no cree que sean significativos. Así que no los realizan.

—O sea que en realidad el éxito es fácil —comenté, recordando lo que Tommy había dicho—. Cualquiera puede alcanzar el éxito si persiste en realizar las acciones correctas. Con el tiempo, estas pequeñas decisiones y actos crecen. Supongo que es una cuestión de inercia. De manera que al final cualquiera puede llegar a ese punto extraordinario que al principio parecía inalcanzable. Este proceso me hace pensar en un granjero: planta la semilla, riega los campos y fertiliza la tierra. Y no parece que pase nada.

—Pero el granjero no se rinde. No sale corriendo al campo a cavar buscando verduras —apuntó Tommy.

—El granjero tiene paciencia y confía en el proceso natural. Tiene fe y comprende que gracias a su esfuerzo diario cosechará. Y un día, casi de repente, ahí está.

—Eres muy listo, Blake. Una metáfora estupenda, amigo. Tu padre estaba en lo cierto, posees mucho potencial. ¡Bravo! —aplaudió encantado—. Tenemos que ser como los granjeros —repitió Tommy para sí mismo—. ¡Es buenísimo! —le oí añadir entre dientes.

En el cielo no había una sola nube. Los pájaros cantaban y el sol me calentaba la cara. Era realmente un buen día para estar vivo.

Tommy continuó hablando.

—Todas las personas que han alcanzado el éxito practican las mismas disciplinas de liderazgo. Realizan de manera consistente unos pocos actos fundamentales. Pero sus acciones cotidianas, de apariencia pequeña e insignificante, van amontonándose con el tiempo hasta formar una carrera excelente y una vida personal de primera clase. Lo cual nos lleva al tema del fracaso. Fracasar es muy fácil.

El fracaso no es más que el resultado inevitable de pequeños actos cotidianos de negligencia realizados constantemente hasta que te llevan a un punto sin retorno. Quiero de verdad que mires en esta primera tumba y reflexiones sobre cómo piensas vivir a partir de hoy. Seguro que no quieres acabar ahí. Sería una tragedia. Sí, admito que quedar en un cementerio ha sido un poco teatralero, pero es que tenía que provocarte. Necesitaba que comprendieras, que te quitaras la venda de los ojos, que te dejaras de excusas y miraras seriamente dentro de ti. Pararte a pensar en que algún día vas a morir es una poderosa herramienta para cambiar tu manera de pensar y despertar al líder que llevas dentro.

—¿Por qué? —pregunté.

—Porque cuando uno toma conciencia de lo corta que es la vida, elimina las distracciones y se queda con lo más importante. Contemplar nuestra mortalidad nos recuerda que tenemos los meses contados.

—Novecientos sesenta —dije.

—Eso es. Así que ¿por qué no jugar a lo grande? ¿De qué sirve tener miedo al fracaso? ¿De qué sirve preocuparse por lo que piensen los demás? ¿De qué sirve negar nuestro deber de ser líderes?

—Lo has conseguido, Tommy. Ya no me siento la misma persona, en absoluto.

—Eso es porque los cambios duraderos solo se producen cuando cambiamos a un nivel emocional, no a un nivel lógico. Yo quería llegar hasta ti, llegarte al corazón más que hablarle a tu cabeza. Por mucho que oigas una buena idea cien veces, no la asimilarás hasta que de verdad la sientas visceralmente, en tu cuerpo. Solo entonces pasa de ser una idea a convertirse en una verdad. Por eso tantos seminarios y talleres fracasan a la hora de dar resultados duraderos. Porque no nos llegan dentro.

—Es verdad —convine—. Ahora empiezo a verlo todo de manera muy diferente y con mucha más claridad. Había caído en la trampa de pensar que mi trabajo no era importante, que daba igual, y que la librería era para mí una especie de callejón sin salida.

—Te agradezco que seas sincero, Blake. Y te felicito porque ya no sientes lo mismo. ¿Sabes? Ninguna ocupación en el mundo es un callejón sin salida; lo que sí existe es el pensamiento sin salida. Y como te aprecio, seguiré esforzándome por animarte a que empieces a jugar en la liga de la excelencia. Recuerda que cualquier trabajo que realices de manera excelente te proporcionará muchas más recompensas que las limitadas posibilidades que alcanzas a ver con tus ojos. El hecho de que ahora mismo no puedas vislumbrar todo el éxito que puedes lograr no significa que no esté ahí, al alcance de tu mano.

—Buena observación. No se me había ocurrido.

—La clave es poner en juego algo de emoción, de energía y de pasión. Entonces se producen los auténticos avances. Te he traído aquí para provocarte, para que te pusieras triste, para que te sintieras frustrado por las pocas aspiraciones que has puesto en tu carrera y en el tesoro que es tu vida. Quiero que empieces a asumir una responsabilidad personal en todas y cada una de tus actuales circunstancias.

Porque cuanto más dueño te sientas de tu poder de decisión, más poderosas serán tus decisiones.

—A eso ya he llegado, Tommy —repliqué con absoluta convicción.

—Muy bien, déjame pues que te hable de la segunda tumba. Métete ahí dentro, por favor. —Señaló el otro agujero con un gesto ampuloso, como el maître de un restaurante elegante señalaría una mesa a un cliente de primera.

Obedecí con entusiasmo. Esperaba encontrar allí dentro otra tablilla, o tal vez un colgante con algún acrónimo curioso. Pero dentro de la tumba no hallé absolutamente nada.

—Toma —dijo Tommy tendiéndome una pala—. Esta vez tienes que cavar un poco. Pero el trabajo honesto reporta grandes recompensas. Lo que vas a encontrar te encantará.

Comencé a cavar.

—Más deprisa, Blake. Tenemos cosas que hacer, gente a la que ver. No disponemos de todo el día —gritó Tommy, con los brazos cruzados y cara de estar divirtiéndose.

No tardé en golpear algo duro. Me puse de rodillas para apartar la tierra con las manos y vi algo que brillaba extraordinariamente al sol. Lo cogí con cuidado y miré a Tommy incrédulo. Era otra tablilla, pero esta parecía de oro puro.

—¿Es lo que creo que es, Tommy? —pregunté, perplejo.

—Oro macizo, amigo. Léela, por favor. Ya estás preparado para entender lo que dice.

La tablilla de oro tenía el siguiente título inscrito en letras mayúsculas: «Las diez victorias humanas».

—Te he dado una imagen de lo que es el infierno, Blake. Ahora vamos a ser mucho más positivos y vamos a hablar del punto al que te estás aproximando, un estado en el que todas las cosas son posibles y tus posibilidades no tienen límites.

—¿Y cómo se llega a ese punto?

—Haciendo lo que te estoy animando a hacer. Siendo un Líder Sin Cargo. Aplicando el liderazgo en todo lo que haces, en todo lo que tocas, tu vida puede ser extraordinaria. Podrás de verdad hacer realidad tu genio original. Puedes ser uno de los grandes. Lee las recompensas que tienes garantizadas si asumes la filosofía que te estoy enseñando. Me alegro tanto por ti...

Yo leí la lista:

1. Llegas al final de tu vida sintiéndote feliz y realizado porque lo has aprovechado todo al máximo: has gastado todos tus talentos, tus mayores recursos y lo mejor de tu potencial desempeñando un gran trabajo y llevando una vida poco común.
2. Llegas al final sabiendo que has vivido una vida excelente y que has mantenido el listón lo más alto posible en todo lo que has hecho.
3. Llegas al final celebrando con todo tu corazón haber tenido la valentía de enfrentarte siempre a tus mayores miedos y de hacer realidad tus ambiciones más elevadas.

4. Llegas al final sabiendo que has sido una persona que ha inspirado y motivado a otros, en lugar de desanimarlos.
5. Llegas al final sabiendo que aunque tu viaje no siempre haya sido fácil, cada vez que caíste te levantaste de inmediato y tu optimismo no decayó en ningún momento.
6. Llegas al final disfrutando de la asombrosa gloria de tus fenomenales logros y del valor de haber colaborado en las vidas de las personas a las que tuviste la suerte de servir.
7. Llegas al final encantado con la persona fuerte, ética, empática e inspiradora que llegaste a ser.
8. Llegas al final y te das cuenta de que has sido un auténtico innovador que abrió nuevos caminos en lugar de seguir las viejas rutas.
9. Llegas al final rodeado de compañeros que te consideran una estrella, de clientes que te consideran un héroe y de seres queridos que te consideran una leyenda.
10. Llegas al final como un verdadero Líder Sin Cargo, sabiendo que tus grandes logros perdurarán mucho más allá de tu muerte, y que tu vida será un modelo a seguir.

Nos sentamos en la hierba que rodeaba las tumbas. Las palabras que Tommy había inscrito eran al mismo tiempo geniales, hermosas y básicas. Mi vida se había convertido en una serie de preocupaciones y de actos de distracción sin sentido; había perdido de vista lo más importante. Había perdido de vista todo lo que podía hacer en ese mismo momento. Había olvidado mi poder para cambiar las cosas. Y había desconectado del genio oculto que llevaba en mi interior.

El planteamiento de Tommy era de lo más claro: podía elegir seguir viviendo igual que lo había hecho en los últimos diez años, es decir, pasar por la vida sin implicarme, sucumbir a la maldición de la negligencia cotidiana. Y en ese caso acabaría en la primera tumba, una víctima de los arrepentimientos inscritos en la primera tablilla de pizarra. O podía elegir la opción más elevada: aspirar al liderazgo, a la excelencia y al entusiasmo en mi trabajo y en mi vida. Podía empezar a ser un Líder Sin Cargo y obtener las recompensas de la tablilla de oro. Una de las opciones me llevaría a una especie de infierno en vida. La otra, me aseguraba Tommy, me llevaría al lugar de mis sueños. Tenía muy clara mi decisión. Y allí, sentado en la hierba, con mi peculiar mentor junto a mí y las dos tumbas abiertas delante, elegí.

4

La primera conversación de liderazgo: No hace falta tener un cargo para ser líder

> Si un hombre está llamado a ser barrendero, debería barrer las calles como Miguel Ángel pintaba o como Beethoven componía o como Shakespeare escribía poesía. Debería barrer las calles tan bien que todos los habitantes del cielo y de la tierra se detuvieran para decir: «Aquí vivió un gran barrendero que hizo bien su trabajo».
>
> Dr. Martin Luther King Jr

> La forma más común de renunciar a nuestro poder es creer que no lo tenemos.
>
> Alice Walker

Tommy metió la tablilla de oro en el maletero del coche y puso en marcha el motor. A mis oídos aquel ruido era pura poesía. Le seguí en mi coche de vuelta a Manhattan.

Después de conducir un par de horas, Tommy se detuvo delante de uno de los mejores hoteles de Nueva York, uno de los lugares favoritos de los adictos a la moda y la gente que apreciaba las cosas con estilo. Le tendió al portero un billete de veinte dólares para que le aparcara el coche y atravesamos el pequeño pero impresionante vestíbulo, lleno de hermosas modelos, viajeros europeos y libros sobre diseño. Subimos a la tercera planta y recorrimos el oscuro pasillo.

—Quiero que conozcas al primero de los cuatro maestros que te presentaré en este día tan especial. Se llama Anna y es argentina. Es una mujer encantadora, muy amable y trabajadora, apasionada y sabia. Anna entiende muy bien lo que de verdad significa el concepto de ser Líder Sin Cargo. En realidad, ella fue la primera que me lo enseñó —me explicó Tommy cuando llegamos a la habitación 404. Dentro se oía cantar a alguien.

—Buenos días, Tommy —saludó la mujer que nos abrió la puerta con una encantadora sonrisa.

Calculé que debía de andar cerca de los cincuenta años, pero emanaba juventud y atractivo sexual. Vestía un uniforme negro y blanco, como los que suelen llevar las empleadas de la limpieza en los hoteles de categoría. Tenía un cutis perfecto, la piel algo oscura y unos dientes de un blanco impresionante. Parecía llena de entusiasmo y elegancia, y muy cómoda consigo misma. Se había adornado el pelo con una bonita flor blanca, un toque original que la hacía aún más radiante.

—Buenos días, Anna. —Tommy le dio un beso en la mejilla y un afectuoso abrazo—. ¿Eras tú la que cantaba?

—Pues claro. Ya sabes lo feliz que me siento cuando estoy haciendo mi trabajo. Me dan ganas de cantar. Y cuando canto, todavía me lo paso mejor. Es genial.

Tommy y ella se cogieron entonces las manos y realizaron un pequeño baile que parecía en parte tango y en parte merengue. Daban vueltas por la habitación como si ninguna otra cosa importara. Aquello era extraño y al mismo tiempo encantador. Los dos parecían sumidos en su universo particular mientras yo observaba como en trance aquella escena surrealista. Debo aclarar que entre ellos no parecía haber nada de naturaleza romántica. Eran amigos, pero estaba claro que se adoraban.

—Anna, este es el joven del que te he hablado. Blake, te presento a Anna.

Nos dimos la mano. Anna se ajustó la flor del pelo. La habitación era perfecta. La madera oscura y las sábanas blancas combinaban con los modernos detalles decorativos. Unos grandes ventanales daban a la ajetreada calle. El ambiente era a la vez minimalista y acogedor, muy artístico. Te sentías bien allí dentro.

—Blake es veterano de guerra —explicó Tommy—. Lo destinaron a Irak. Y trabaja conmigo en la librería, como te comenté anoche por teléfono. A pesar de su juventud, ha vivido muchas cosas. Su padre y yo éramos muy buenos amigos cuando vivíamos en Milwaukee. Blake está preparado para practicar de lleno el liderazgo, así que pensé que era momento de que te conociera. Además, yo necesitaba aprender unos cuantos pasos de baile. —Le guiñó un ojo.

Anna sonrió y se sonrojó un poco. Luego miró pensativa por la ventana.

—Te admiro, a ti y a todos los soldados que han hecho tantos sacrificios por nosotros, Blake. Habéis luchado para que todos podamos ser libres. Ya sé que es imposible comprender bien todo lo que has pasado, pero quiero expresarte mi más profunda gratitud. Amo este país. Y tú junto con todos los que lucharon a tu lado nos habéis mantenido a salvo y fuertes. Así que gracias.

No sabía qué decir. Aunque hacía ya tiempo que había vuelto de Irak, todavía tenía la sensación de estar allí. La experiencia de la guerra me había hecho desarrollar un fuerte instinto de supervivencia. Había bloqueado casi todas mis emociones y por lo general vivía mis días frío como un témpano. Había bloqueado también casi todos mis recuerdos y me anestesiaba pasando un montón de horas perdiendo el tiempo. No me atrevía a dejar que nadie se me acercara demasiado. Con eso solo conseguiría que les hiciera daño. O que ellos me hicieran daño a mí. Y ahora, en aquella elegante habitación de hotel, una mujer hermosa y exótica, que ni siquiera me conocía, me daba las gracias. Me decía que mis esfuerzos como soldado la habían ayudado a ella como ser humano. Me confirmaba que aquellos años de mi vida que entregué al servicio de mi país no habían sido años perdidos, sino valiosos. Me sentí honrado. Y feliz.

—Muchas gracias por lo que me has dicho, Anna. Gracias, de verdad.

—¿Va a conocer Blake a los otros? —preguntó ella.

—Hoy mismo, más tarde —contestó Tommy con una sonrisa.

—Ah, bien. Eso está muy bien. —Anna se acercó a la cama para alisar una arruga en una de las almohadas—. Entonces le espera un gran día de transformación —añadió, mirando de nuevo por la ventana—. El primer día de una forma totalmente nueva de trabajar. Y una forma totalmente nueva de vivir. Estupendo.

—Gracias por dedicarme tu tiempo, Anna —fue todo lo que se me ocurrió decir—. Son muchas las cosas que tengo que asimilar, pero lo que Tommy me ha enseñado hasta el momento ha sido increíble. Hace solo unos días pensaba que mi trabajo no era más que un empleo cualquiera. Que el liderazgo era cosa de los ejecutivos. Que el éxito solo estaba reservado a unos pocos afortunados. Ahora lo veo todo muy diferente.

—Mírame —dijo Anna, señalándose el corazón—. Yo podría tener un millón de razones para desanimarme, para no estar satisfecha, para no implicarme en mi trabajo. Podría quejarme de que no soy más que una empleada de la limpieza y que lo único que hago todos los días es limpiar las habitaciones del hotel para gente con mucho dinero. Pero una de las más grandes libertades que tenemos como personas es la libertad de elegir cómo vemos nuestro papel en el mundo y el poder que tenemos para tomar decisiones positivas en cualquier circunstancia en la que nos encontremos.

—Eso estoy empezando a entenderlo. Tenemos mucho más poder del que pensamos. Y mucho más control sobre nuestra vida del que comprendemos.

—Sí, Blake —confirmó ella con dulzura y con un atisbo

de acento español que mostraba sus raíces latinas—. Así que yo he decidido dar siempre lo mejor de mí misma en el trabajo.

—Es un gran principio. Dar siempre lo mejor de mí mismo —dije, haciéndome eco de las palabras de Anna.

—Ese simple compromiso ya ha obrado maravillas en mí. Me ha convertido en una persona muy feliz. Todos podemos tomar la decisión de amar el trabajo que hacemos y realizarlo tan bien que la gente se fije. Vivir así me ha dado mucha energía y ha conseguido que me sienta muy bien conmigo misma. Aquí mucha gente piensa que he tenido «suerte». El equipo directivo del hotel me trata como a una reina. El director general ha dicho que tengo un «gran potencial» y me ha enviado a tantos cursos de formación que he perdido la cuenta. Los empresarios famosos que vienen al hotel me conocen bien y comparten conmigo muchísimas de sus ideas de negocios. La estrellas de cine que se alojan aquí casi siempre piden que sea yo la que me ocupe de sus habitaciones. Y las propinas que recibo me permiten enviar dinero a mi familia en Buenos Aires todos los meses. Así que me ha ido muy bien. Sobre todo teniendo en cuenta de dónde vengo. Pero mi «suerte» me la he creado yo a pesar de los enormes obstáculos con los que me he encontrado.

Tommy la miró, le cogió la mano y le dio un beso.

—Anna perdió a sus padres cuando era pequeña, Blake. Murieron en un accidente de coche, en una ciudad de vacaciones llamada Bariloche. La crió su abuela, pero eran muy pobres.

—Sí, muy pobres —apuntó Anna con la voz rota por la

emoción—. Pero en mi familia nos queríamos mucho. Tras la muerte de mis padres, todos permanecimos muy unidos. En la cultura latina la familia es muy importante, pero para nosotros cobró una nueva dimensión. Yo pasaba todo el tiempo que podía con mi abuela y mis primos. Teníamos muy pocas cosas materiales y la vida era muy difícil, pero creo que acumulé otro tipo de riqueza. Aprendí a amar la literatura, la buena música, el arte. Descubrí que los placeres sencillos de la vida son los más importantes. Y al dar siempre lo mejor de mí misma en cada trabajo que he tenido, mi vida fue mejorando poco a poco. Y aquí estoy ahora, en uno de los mejores hoteles del mundo, en una de las mayores ciudades de la tierra. Puede que en algunos aspectos haya tenido suerte, pero también creo que los «golpes de suerte» son recompensas inesperadas por las decisiones inteligentes que he tomado. El éxito no se debe a una conjunción planetaria. El éxito, tanto en los negocios como en la vida personal, es algo que se crea conscientemente. Es el resultado garantizado de una serie deliberada de acciones que cualquiera puede realizar. Y eso para mí es muy emocionante —concluyó Anna con vehemencia.

—Hay mucha gente que cree eso de que «los planetas tienen que estar bien alineados para que yo pueda conseguir lo que quiero» —apuntó Tommy—. Gente que pretende recibir sin haber dado nada. Gente que sueña con tenerlo todo pero no que está dispuesta a remangarse y esforzarse. Se presentan en su trabajo y esperan un buen sueldo sin ofrecer algo que realmente lo justifique. Estamos viviendo una época muy confusa.

—Es verdad —dijo Anna—. En fin, como te decía, Blake, el éxito se crea a partir de decisiones conscientes. Es la consecuencia final e inevitable de las buenas decisiones. Cualquiera puede alcanzar el éxito. Muy pocos eligen alcanzarlo. A medida que empieces a hacer lo que hacen los Líderes Sin Cargo, recibirás las espectaculares recompensas que reciben los Líderes Sin Cargo. A propósito, decir que la gente que ha triunfado ha tenido «suerte» es la manera más fácil de escaquearse para no levantarte del sillón y hacer algo valioso con tu propia vida.

Yo iba asimilando las palabras de Anna; reflexionaba sobre ellas. Por sus ideas, cualquiera habría dicho que era una sofisticada mujer de negocios. Supuse que se debía a la formación que había recibido y a sus conversaciones con altos ejecutivos. Cerré los ojos un momento, pero el ruido del tráfico y sus bocinazos en la calle interrumpieron mis reflexiones. Miré a Tommy, que estaba sentado en un elegante sofá. Delante tenía una mesa de diseño con la tradicional vela blanca. Junto a la vela había una botella de vino de California. Yo soñé con alojarme algún día en ese hotel.

—Puede que esto te sorprenda, Blake —dijo Anna—, pero creo que tengo uno de los mejores trabajos del mundo.

—¿De los mejores del mundo? —Sí, su comentario me sorprendió.

—Del mundo. He descubierto que mi trabajo es importantísimo y esencial para la buena marcha de esta intrincada y respetada organización. Me considero una embajadora de buena voluntad para este hotel. Con mi actitud, estoy gestionando su imagen.

—¿Te ves como una gerente de marca? Eres increíble. No quiero ofenderte, pero toda la gente que conozco pensaría que tienes un trabajo duro y bastante corriente. Vaya, que lo que haces es limpiar la basura de los demás. Estoy seguro de que trabajas muchas horas, y las empleadas de la limpieza no reciben demasiado respeto por parte de la sociedad.

—Lo que piense la sociedad no me interesa, Blake. Lo único importante es lo que yo pienso de mí misma. Sé quién soy. Conozco el valor de mi trabajo. Todos los días encuentro la manera de plantearme nuevos retos. Y he convertido este trabajo en algo que significa mucho para mí.

—Eres increíble —no pude evitar repetir.

Aquella hermosa mujer, que llevaba una flor en el pelo y que estaba convencida de que su trabajo como limpiadora era el mejor del mundo, era una inspiración para mí. Adquirí una nueva perspectiva de las cosas. Muchos de nosotros no valoramos nuestro trabajo y pasamos por alto todos sus aspectos positivos. Deseamos algo mejor, no nos damos cuenta de que a menudo lo que buscamos está justamente donde estamos. Solo tenemos que mirar con un poco más de profundidad. Esforzarnos un poco más. Liderar un poco mejor. Anna era un ejemplo increíble de ello.

—Yo acudo todos los días a trabajar y con mi excelente actitud influyo positivamente en los clientes que conozco. Me centro en mejorar mi labor en todo lo que hago y deseo de verdad que su estancia aquí sea la mejor experiencia que han tenido en un hotel; eso da forma a toda nuestra cultura y desde luego obra un impacto sobre ella. La magnífica manera en que he aportado innovación en todas las áreas de nuestro departamento ha impulsado a hoteleros de todo el mundo a visitarnos y tomarnos como punto de referencia. Así que eso de que mi trabajo aquí es corriente y poco importante no es verdad, en absoluto.

—Más que la empleada de la limpieza de un hotel, pareces un consultor o un orador elocuente —comenté con sinceridad.

—Bueno, mi objetivo es motivarte. Tommy cree que eres genial. A lo mejor lo único que necesitas es asumir lo genial que eres.

—Supongo que los reveses de los últimos años, y todo lo que he tenido que luchar, me ha desanimado —me sinceré. Me sentía cómodo en su presencia—. Mira, ya no voy de víctima, ni siquiera me parece bien hablar demasiado de lo que me tuvo atado en el pasado.

—Muy bien, Blake —interrumpió Tommy, al tiempo que alzaba el pulgar—. Felicidades, amigo. ¡No vayas nunca de víctima! Es imposible construir un tributo al éxito sobre cimientos de excusas.

—Entendido. Pero desde que volví de la guerra no he tenido la confianza que tenía antes. Así que sencillamente me he dejado llevar, sin implicarme en nada. Pero esta mañana algo ha cambiado en mí. Me siento vivo otra vez. Mi futuro me parece más brillante que nunca.

—Lo has llevado al cementerio de Rosemead, ¿verdad, Tommy?

—Por supuesto. Cuando vosotros me llevasteis allí al principio de aquel inolvidable día que pasamos juntos, hace ya tanto tiempo, fue el comienzo de mi transformación. Tenía que ofrecer a Blake la misma experiencia. Se merecía ese regalo.

—¿Y el colgante LSC que te dimos?

—Se lo he dado a Blake. Le he pasado el testigo. Y estoy seguro de que él hará lo mismo cuando conozca a alguien que esté preparado para oír nuestro mensaje.

—¿Y la tablilla de oro? —preguntó Anna.

—Está a buen recaudo.

—Eres el mejor, Tommy —dijo ella con cariño.

—Lo del cementerio dio resultado —afirmé yo—. Pero tengo que confesar que me preocupa lo que dirá la gente de mí cuando empiece a realizar los grandes cambios que ahora sé que necesito. La verdad es que lo que la gente piense de mí me preocupa más de lo que debería. ¿Y si se ríen cuando empiece a ser un Líder Sin Cargo, cuando dé lo mejor de mí mismo y me tome mi trabajo en la librería como si fuera el más importante del mundo? La mayoría de la gente no piensa así.

—Lo que piensen los demás no te concierne, Blake. El liderazgo consiste en mantener una fe inquebrantable en tu punto de vista y una confianza inamovible en tu poder para provocar cambios positivos. Olvídate de lo que puedan decir los demás. Y recuerda lo que escribió Albert Einstein: «Los grandes espíritus siempre han encontrado una violenta oposición en las mentes mediocres». Haz tu trabajo tan bien como humanamente puedas. El resto vendrá por sí mismo.

—¿Y si fracaso? ¿Y si no puedo hacerlo? ¿Y si lo que

estoy aprendiendo no funciona? —pregunté, dando voz a mis dudas.

—Es imposible que la filosofía del Líder Sin Cargo no funcione —me contestó Tommy con una convicción absoluta—. Tropezar en el camino forma parte del juego. A caminar se aprende a base de caídas. Para aprender a dirigir, primero hay que intentarlo. Cada equivocación te acerca más al paso perfecto. Y si los demás no entienden qué estás haciendo, ¿por qué dejar que te desanimen? Los grandes hombres erigen monumentos con las piedras de las críticas que les arrojan. Y los críticos por lo general te critican solo porque, de alguna manera, les importa. Cuando ya no dicen nada es porque has dejado de importarles. Lo que debería de verdad preocuparte es que nadie te criticara.

—Eso me ayuda. Gracias, Tommy.

Anna volvió al tema de su pasión por su trabajo.

—Todas las mañanas y todas las tardes —hablaba moviendo las manos en todas direcciones— limpio las habitaciones como imagino que Picasso pintaba. Siento como si estas habitaciones fueran mi propia casa y los clientes del hotel, mis invitados. Me veo como una especie de artista, y todos los días tengo la suerte de poder expresar mi mayor creatividad en un lienzo que los demás llaman trabajo.

—Increíble —exclamé, asombrado por el celo misionero de aquella mujer dispuesta siempre a ir más allá y a hacer de su trabajo algo importante.

—Y de eso trata precisamente toda la filosofía del Líder Sin Cargo que enseñamos a mi buen amigo Tommy. Claro que tengo que decir que Tommy ha sido un alumno excelente. Estaba totalmente abierto a las ideas y las ponía en práctica a toda velocidad. Esa es en parte la razón de que haya alcanzado tanto éxito en vuestra compañía. Ah, y seguramente el ser tan guapo también le ayudó. —Anna, coqueta, se recolocó la flor en el pelo.

Tommy, repantingado en el sofá, se rió y jugueteó con su pelo canoso y desgreñado.

—Los títulos y los cargos otorgan poder, Blake. El problema es que el poder que confieren desaparece con el cargo.

—Tiene lógica —comenté mientras me sentaba en el sofá, al lado de Tommy—. El poder que da ser director general, por ejemplo, solo dura mientras la persona tenga el cargo de director general. Si se elimina el cargo, desaparece también el poder que llevaba asociado.

—Exacto —terció Anna moviéndose con gracia por la habitación—. En el mejor de los casos, la influencia que se obtiene de un cargo es fugaz, sobre todo en las turbulentas condiciones económicas que estamos viviendo. Pero hay un poder mucho más profundo que el de los cargos, Blake, y es el poder natural de liderazgo que todos poseemos por el simple hecho de ser humanos. Por desgracia, ese potencial está dormido, y muy pocos lo utilizan. Pero está ahí, disponible para cualquiera que quiera buscarlo y activarlo. En realidad, ese es el poder más auténtico que existe.

—¿Y eso por qué?

—Porque es un poder que, pase lo que pase, jamás podrán arrebatarnos. Es un poder auténtico que no depende de condiciones externas. Es el verdadero poder. Y ese, Blake el Grande, es el mejor poder.

Yo sonreí. Anna conseguía que me sintiera especial. Me gustaba mucho la fuerza y el cariño que emanaba. Por lo visto, ser Líder Sin Cargo implicaba un delicado equilibrio entre ser firme y a la vez amistoso, duro y a la vez tierno, valiente pero compasivo.

Anna se sacó del delantal una servilleta en la que había algo escrito en color rojo.

—Toma, Blake. Mi amigo Tommy me contó que venías, así que te he preparado esto. Léelo, por favor. Mientras tanto prepararé café. Aquí tenemos un café buenísimo. No sé qué haría yo sin café —añadió—. No te preocupes, Tommy, traeré una taza también para ti, cariño. —Lanzó un beso al aire y él se levantó y lo atrapó.

Yo leí lo que había escrito en la servilleta: «Los Cuatro Poderes Naturales».

Poder Natural 1. Todos nosotros tenemos el poder de ir cada día al trabajo y dar lo mejor de nosotros mismo. Y para eso no hace falta tener un cargo.

Poder Natural 2. Nosotros tenemos el poder de inspirar, influir y ensalzar a todas las personas con las que nos encontremos mediante el don del buen ejemplo. Y para eso no hace falta tener un cargo.

Poder Natural 3. Todos nosotros podemos crear cambios positivos ante unas condiciones negativas. Y para eso no hace falta tener un cargo.

Poder Natural 4. Todos los que conocemos la verdad sobre el liderazgo podemos tratar a todos los implicados en una organización con respeto, aprecio y bondad y, al hacerlo, elevar la cultura de la organización a lo mejor de lo mejor. Y para eso no hace falta tener un cargo.

Anna volvió con los dos cafés perfectamente colocados en una inmaculada bandeja de plata. Al lado había unas cuantas trufas de chocolate.

—Aquí tienen, caballeros —dijo—. Servíos vosotros mismos, por favor. Y daos el capricho de disfrutar de un par de trufas. A veces un dulce es bueno para el alma. Me las traje hace poco de Buenos Aires, cuando fui a ver a mi familia. Mi abuela no anda muy bien de salud, así que quería que supiera que, aunque vivo en Estados Unidos, solo estoy a un vuelo de distancia, y que cada vez que me necesite, allí estaré para ayudarla.

—Eso me parece algo digno de admiración, Anna —le dije—. Ojalá tuviera a mi familia cerca. Me había prometido que me esforzaría más por mejorar mi relación con mi novia. La quiero mucho, y sé que los problemas que surgieron después de lo de Irak pueden resolverse.

—Bueno, ahora yo ya soy un poco como de la familia, Blake —terció Tommy alegremente—. Así que por eso no te preocupes.

Probé la trufa de chocolate. Estaba riquísima. Anna supo por mi expresión que me había transportado a otro mundo.

—Es una exquisitez, lo sé —comentó—. Tommy me

contó que se pasaría por aquí en algún momento, así que le había guardado unas cuantas. Es uno de mis amigos más queridos.

—Lo mismo digo, preciosa —replicó Tommy; tenía los dientes manchados de chocolate.

—Y tú, Blake, has escogido el momento perfecto para unirte a él. Bueno, dime qué piensas de lo que he escrito en la servilleta.

—¿Seguro que no eres asesora de dirección? —pregunté con una risa traviesa.

—Pues no. Soy una empleada de la limpieza que resulta que ha decidido comportarse como si fuera una líder.

—Me encanta lo que has escrito, Anna. En el ejército, lo que tú llamas «el poder del cargo» era importantísimo y fundamental. Y lo entiendo, porque allí necesitábamos que alguien nos guiara, nos diera órdenes y nos mantuviera a salvo. Y nos ayudara a mantener la calma cuando la muerte andaba cerca. En el ejército, si no hubiera cargos y jerarquías, no habría orden. La organización carecería de estructura. Y eso significaría no solo que seríamos totalmente ineficaces para combatir por la libertad de nuestra patria, sino que además mucha gente moriría de manera innecesaria. Pero después del servicio volví a casa, a un entorno completamente diferente, por decirlo de una manera suave. Ya no tenía rango, ni un papel definido. Y había perdido a mis compañeros. Solo ahora, aquí, con vosotros dos, entiendo por qué he tenido que luchar tanto.

—Cuéntanoslo —me animó Anna.

—Yo había definido quién era a partir de mi rango. Había permitido que mi autoridad formal se convirtiera en la vara con la que medía mi autoridad moral. Así que cuando me reincorporé a la vida civil y perdí mi graduación militar fue como si lo hubiera perdido todo. Sin un rango con el que identificarme, me quedé sin identidad. Ahora entiendo que en realidad no he perdido mi autoridad, y que lo único que tengo que hacer es reconocer mi verdadero poder.

—Exacto. Y todos tenemos ese poder verdadero, nacemos con él. Nuestro deber es despertarlo y liberarlo para que actúe sobre nuestro entorno. Recuerda sencillamente que sea cual sea tu posición en una organización, y sea cual sea tu edad o tu lugar de residencia en el mundo, tienes el poder de ejercer el liderazgo. Y eso no te lo puede negar nada ni nadie. Pero la responsabilidad de activar ese poder es únicamente tuya.

Anna se acercó con elegancia a un minibar. Dentro se veían CD, velas, exóticas chocolatinas y bebidas de todo tipo. Entonces abrió un CD de una cantante que yo no conocía, Sola Rosa.

—Este CD es increíble, chicos. No os preocupéis, lo pagaré. Me encanta la música y me parece que ahora es un buen momento para disfrutarla. —Eligió un tema del CD y de pronto, inesperadamente, comenzó a encender y apagar el interruptor de las luces que había junto al minibar. Anna no decía ni una palabra. Yo estaba perplejo. La música seguía sonando, y su ritmo daba un efecto hipnótico a la escena. Anna, como si estuviera en trance, seguía apagando y encendiendo las luces. La escena era fantástica. Tommy ni siquiera parecía sorprendido. Bebió un sorbo de café y se comió otra trufa. Hoy todavía recuerdo hasta el más mínimo detalle de aquella habitación de hotel.

—¿Qué estás haciendo? —salté por fin, incapaz de contener mi curiosidad.

Tommy meneó la cabeza.

—Otra de sus tácticas de enseñanza —me explicó; entre sorbo y sorbo de café se chupaba el chocolate de los dedos. Sin duda le parecía delicioso y agradecía cada bocado. Viendo la pasión que Tommy mostraba por todo, me di cuenta de que hay una gran diferencia entre estar vivo y saber vivir.

—Todos tenemos dentro un interruptor de liderazgo —dijo Anna por fin—. Es exactamente como tú decías. Todos tenemos esos poderes auténticos que has leído en la servilleta. De nosotros depende no solo reconocer que los tenemos, sino pulsar el interruptor. Y al hacerlo tomamos la decisión fundamental que transformará radicalmente cualquier carrera y cualquier vida: la decisión profunda de dejar de hacernos las víctimas y empezar a presentarnos como líderes. Esa es la gran decisión que tienes ahora ante ti, Blake: víctima o líder. Dale al interruptor. Y recuerda siempre que la autoridad personal que se adquiere automáticamente al expresar los cuatro poderes naturales de liderazgo ejerce mucha más influencia e impacto sobre la gente que te rodea que la autoridad formal que proporciona un cargo.

—Es absolutamente fascinante.

—La filosofía del Líder Sin Cargo habla de la democratización del liderazgo —prosiguió ella—. En estos tiempos, cualquier persona puede convertirse en un líder en su trabajo y en su vida personal. Es la primera vez en la historia de la humanidad que todos y cada uno de nosotros tenemos esta oportunidad. Y eso solo es posible porque se han echado abajo muchas de las tradiciones que regían en los negocios y en la sociedad.

—Se han destruido —apuntó Tommy.

—Exacto. Así que ahora el liderazgo es democrático. Cualquiera puede ejercer el liderazgo. Ver a gente que despierta su poder natural para dirigir y expresar lo mejor de sí misma es realmente emocionante. ¡Es una época increíble para hallarse en el mundo empresarial!

—Empiezo a comprenderlo —dije.

—Cada uno puede ser una fuerza en sí mismo y asumir la responsabilidad de crear resultados excepcionales en el trabajo, y levantar así una organización de primera clase que ofrezca una maravillosa contribución a los clientes, a las comunidades y al mundo. No hay nadie que no sea importante, Blake. Hoy en día no existen personas de más. Toda persona y todo empleo es importante, y con la filosofía del Líder Sin Cargo todos los trabajos pueden realizarse de manera que sean significativos. A propósito, ¿te das cuenta de que si mediante tu ejemplo de liderazgo personal inspiras a diez personas cada día para que den lo mejor de sí mismas, cuatro semanas después habrás influido y elevado las vidas de casi trescientas personas?

—Vaya, no se me había ocurrido. Y desde luego para eso no hace falta un cargo.

—Exacto. Y si sigues haciéndolo, al final de tu primer año habrás influido en la vida de más de tres mil personas.

—Caramba...

—Espera, aún falta lo mejor —prosiguió Anna con entusiasmo—. Después de diez años de ser un Líder Sin Cargo e inspirar con tu ejemplo a diez personas al día para que se esfuercen por ser excelentes, habrías llegado a más de treinta mil personas. Y si cada una de ellas, a su vez, influye en otras diez, habrás dejado tu huella en más de un cuarto de millón de personas en una sola década. O sea que sí, la sociedad me considera una simple empleada de la limpieza que asea habitaciones sucias. Pero yo me considero una persona que tiene la responsabilidad de inspirar a más de un cuarto de millón de personas y hacer que tomen conciencia de su poder natural de liderazgo y, gracias a eso, se realicen plenamente como seres humanos. Y eso es mucho más que un trabajo, Blake. Se ha convertido en mi vocación. Y nada en la vida me hace más feliz.

—Es increíble —exclamé con sinceridad.

—Y tengo que decirte que estoy convencida de que lo mejor que puede hacer cualquier organización, ya sea un negocio, una organización sin ánimo de lucro, un gobierno, una escuela o incluso una nación, es desarrollar el potencial de liderazgo de todos y cada uno de sus miembros. El liderazgo no solo es la ventaja competitiva más poderosa para una compañía, es verdaderamente la herramienta fundamental de nuestra época para construir un mundo mejor.

»Pero, tal como ha dicho Tommy, aquel que quiera convertirse en un auténtico líder tiene que dejarse de excusas —afirmó Anna con énfasis—. Ningún gran líder llegó a la cima aferrándose débilmente a temerosas excusas. Las víctimas viven por sus excusas, y al final mueren también por ellas. Y, generalizando, aquellas personas a las que se les da bien poner excusas, no se les suele dar bien nada más.

Recordé de nuevo las dos tumbas que había visto esa mañana y «Los diez arrepentimientos humanos», todavía frescos en mi memoria. Me daba un miedo horroroso imaginarme en el día de mi muerte sabiendo que moriría sin haber vivido de verdad.

Anna sabía que sus palabras estaban haciendo mella en mí.

—A las víctimas les encantan las excusas, como: «No soy el dueño ni el mánager, así que no puedo hacer mucho por mejorar las cosas», o «No soy lo bastante inteligente para liderar el cambio en una situación tan competitiva», o «No tengo tiempo para hacer todo lo que sé que podría hacer para mejorar la compañía», o «He intentado dar lo mejor de mí, pero ninguna de mis ideas ha dado resultado». Victimismo contra liderazgo —repitió Anna—. Pulsa el interruptor y grábate la decisión inteligente en el cerebro.

Anna me acompañó al baño. El suelo era de mármol y los accesorios eran de lo más lujoso y sofisticado.

—Cierra los ojos —me pidió, y yo lo hice—. No los abras, Blake —me reprendió al ver que comenzaba a abrirlos.

Oí el roce de algo contra el espejo, pero obedecí y permanecí con los ojos cerrados.

—Vale, ábrelos.

En el espejo, con carmín rojo y letras mayúsculas, había escrito la palabra IMAGE.

—¿De qué va esto? —pregunté. Aquella hermosa y perspicaz mujer, que se consideraba el Picasso de la limpieza y se tomaba su trabajo como una forma de arte, estaba llena de sorpresas.

—Los otros tres maestros a los que conocerás hoy y yo compartiremos contigo uno de los cuatro principios básicos que conforman la filosofía del Líder Sin Cargo. Luego te daremos cinco reglas prácticas en forma de acrónimo que te ayudarán a asimilar los cuatro principios de manera fácil y rápida. Así comenzarás automáticamente a crear maravillosos resultados en tu vida. ¿Qué te parece?

—Suena genial.

—¿Emocionado?

—¡Muchísimo! —exclamé.

—Estupendo. Así pues, iré al grano y te revelaré el primer principio. Ya hemos hablado de ello, pero tengo que enseñártelo como la ley formal en que fue formulado originalmente: No hace falta tener un cargo para ser líder. Ya sé que a estas alturas lo tienes claro, pero es bueno ver que puede resumirse en una sencilla frase.

—Entendido —dije, agradecido.

—Las cinco reglas que te ayudarán a recordar que no hace falta tener un cargo para ser líder pueden resumirse en el acrónimo IMAGE, es decir, «imagen». Estas cinco letras representan el escurridizo algoritmo de liderazgo. Si vives y trabajas según este código, que representa lo que verdaderamente es el liderazgo, tienes garantizados unos resultados espectaculares.

—Estoy deseando conocerlo. Quieres decir que para ejercer el liderazgo sin cargo solo hay que seguir estas cinco reglas, ¿no?

—Eso es. IMAGE es el escurridizo algoritmo del liderazgo —repitió—. Dedicaremos bastante tiempo a comentar la importancia de ser líder en estos tiempos de increíble turbulencia y radical incertidumbre. IMAGE explica el cómo. En cinco sencillos pasos. Si alguna vez te habías preguntado cómo ejercer el liderazgo, ahora lo verás, en su forma más simple y poderosa.

—Soy todo oídos.

—Muy bien. La I de IMAGE te recordará la importancia de la Innovación. Vivimos en lo que yo a veces llamo una nación *remake*. Sí, Estados Unidos es un país de una creatividad magnífica que ha producido muchos de los más grandes avances del mundo y los mejores inventos. Pero la mayoría de la gente que trabaja aquí ha perdido la pasión por la innovación genuina. Hemos dejado de ejercitar la imaginación más allá de lo normal. Hemos olvidado nuestra ansia de creatividad y nuestro impulso de ser diferentes. Piensa en los *remakes* de las viejas películas o las viejas canciones y entenderás lo que estoy diciendo. Ser originales da miedo, de manera que reutilizamos fórmulas que tuvieron éxito hace décadas con la esperanza de mantenernos a salvo. Pero esa es una estrategia empresarial estúpida. La innovación siempre vencerá sobre la repetición de lo que funcionó en el pasado. Hoy en día en las impredecibles condiciones en las que se realizan los negocios, hacer lo mismo que funcionó incluso uno o dos años atrás es una buena manera de buscarse serios problemas. Los clientes y la gente que te rodea quieren valores nuevos y nuevas propuestas, no un reciclaje de cosas viejas. Una de las cosas atrevidas que puedes hacer cuando vuelvas a la librería es dedicarte diaria y constantemente al progreso. Los Líderes Sin Cargo ejercitan de continuo la mente y mejoran sus habilidades preguntándose siempre: «¿Qué puedo mejorar hoy?». Se han hecho el firme propósito de dejar todo lo que tocan mejor de como lo encontraron. Y de reinventarse constantemente a lo largo del camino. Esa es la esencia de la innovación, Blake. La innovación parece algo muy complicado, pero en realidad se trata de dejar siempre todo lo que toques mejor de como lo encontraste. En realidad, la mejor manera de definir la innovación y la creatividad es decir que consisten en hacer que hoy sea mejor que ayer.

—Eso me gusta: hacer que hoy sea mejor que ayer. Desde luego, si me comprometo seriamente a eso, tengo claro que mi carrera despegará —comenté.

—De eso puedes estar seguro, Blake —terció Tommy, que se había despertado de pronto de una cabezada en el sofá—. Tu carrera también despegará cuando te comprometas a ser lo contrario de lo corriente en todo el trabajo que hagas. Sé visionario. Mira hacia el futuro desde donde la mayoría de la gente se queda anclada al pasado. Y no tengas miedo de romper tus rutinas. Replantéate constantemente tus métodos de trabajo. Pregúntate siempre:

¿cómo podría mejorar mi productividad? ¿Cómo podría trabajar más deprisa? ¿Cómo podría conseguir que mis clientes estuvieran más satisfechos? Para saber lo que es hacer negocios contigo, ponte regularmente en el lugar de tus clientes. Luego lleva esa experiencia a un nivel mucho más alto de excelencia.

—Sencillamente —intervino Anna—, levántate cada mañana y comprométete a hacer cada cosa que hagas un poco mejor que el día anterior. Con la mente puesta en el desarrollo y la innovación. La posibilidad de que tu presente sea mejor que tu pasado depende de tu manera de pensar. Recuerda que si no tienes como objetivo la excelencia y la innovación entusiasta, la mediocridad acabará atrapándote. Evita lo que yo llamo la Infección de Mediocridad, esa sutil y peligrosa caída en la vulgaridad que va infectando tu trabajo sin que te des cuenta. El crecimiento es algo progresivo e invisible, pero también lo es el hábito de ser corriente y mediocre, como Tommy acaba de sugerir. De manera que dedícate en cuerpo y alma a reinventar las cosas y mejorarlas constantemente. Sin innovación, la vida es muerte. Y solo los valientes sobrevivirán en esta época. Desafíate a ver las cosas tal como sueñas verlas. Y a ser el visionario que mencionaba aquí mi encantador amigo. El líder que llevas dentro ansía ser un visionario, ¿sabes?

—Gracias, preciosa —replicó Tommy alegremente.

—Tengo que añadir que la revolución no es la manera más idónea de mejorar tu manera de trabajar y la organización en la que trabajas —advirtió Anna.

—¿La revolución? —pregunté, no demasiado seguro de adónde quería llegar.

—Lo que quiero decir es que la mejor manera de pasar a un nivel superior de excelencia en el trabajo no es una idea revolucionaria o una iniciativa radical. Las grandes carreras y las grandes empresas se construyen por evolución. Es decir, por mejoras lentas y constantes que examinadas por separado no parecen gran cosa. Pero, con el tiempo, estas mejoras pequeñas, evolutivas, se van acumulando hasta producir enormes ganancias. Con el tiempo, las pequeñas ondas de rendimiento superior se van acumulando hasta formar una ola gigantesca de extraordinario éxito. Recuerda que para conseguir tu mejor nivel de liderazgo solo necesitas realizar unas cuantas acciones inteligentes cada día, porque esas acciones se irán acumulando hasta formar un logro inimaginable.

—Tommy mencionó algo así en el cementerio —comenté—. Para mí es una gran idea. Y hace que me sienta capaz de realizar los cambios necesarios porque lo único que tengo que hacer es empezar por cosas pequeñas y efectuar pequeñas mejoras cada día. Eso lo puede hacer cualquiera, sean cuales sean las circunstancias de su carrera o de su vida.

—Sueña a lo grande pero empieza por lo pequeño, Blake. Esa es la clave. Y empieza ahora, justamente donde estás. Hace años que compartí con Tommy esta idea de los pequeños cambios que se van acumulando, y ahora me alegra mucho que él te la haya transmitido a ti. Es fundamental para cualquiera que esté listo para empezar a cambiar.

Los pequeños pasos, con el tiempo, producen grandes resultados. Y el fracaso, por otra parte, surge de pequeños actos de negligencia cotidiana que con el tiempo llevan al desastre.

—Así que si doy esos pequeños pasos cada día, al final lograré el éxito, ¿no? —pregunté, buscando su confirmación.

—Sin duda. Si realizas esos pequeños avances y eres constante, el éxito se producirá de manera automática. Recuerda solo esta frase: las pequeñas mejoras diarias producen con el tiempo increíbles resultados. Yo lo llamo el Efecto Multiplicador. Los pequeños actos inteligentes que se realizan todos los días se multiplican hasta alcanzar un éxito inimaginable. Es como el interés compuesto. Si cuando eres joven vas al banco todos los días para realizar depósitos muy pequeños, de apariencia insignificante, con el tiempo, por la magia del interés compuesto, te harás rico. En el tema del liderazgo y la excelencia es lo mismo. Los pequeños actos de liderazgo se irán acumulando hasta producir consecuencias asombrosas. Como te he dicho en cuanto a la innovación, la idea es muy sencilla: pon lo mejor de ti en mejorar, sé persistente y no cejes nunca en el empeño. No caigas en ese hábito tan natural en el ser humano: no te des por satisfecho. Cuanto más éxito alcances, más ambicioso tienes que ser, no solo como persona, sino como parte de una organización. Nada lleva al fracaso tanto como el éxito, porque cuanto más subes, más fácil es dejar de esforzarte, dejar de desafiar el statu quo, más fácil es descentrarte. Desde luego, forma parte de la naturaleza humana aspirar a llegar a un punto en el que las cosas no cambien, un punto en el que podamos dejarnos llevar, sin incertidumbres. Eso nos da una sensación de control y seguridad. Pero te aseguro, Blake, que es una falsa sensación de seguridad. En el nuevo mundo de los negocios, lo más arriesgado es querer hacer las cosas de la misma manera que siempre se han hecho. No hay nada tan insensato como pretender que los viejos comportamientos darán nuevos resultados.

—¿Por qué?

—Porque eso significa que no estás innovando. No estás poniendo de tu parte para mejorar las cosas. No estás creando valores superiores. Y eso significa a su vez que, en lugar de evolucionar hacia niveles cada vez más altos de excelencia, te estás hundiendo cada vez más en los viejos patrones de estancamiento. Y entonces es cuando la competencia te devora —afirmó Anna con absoluta firmeza—. Elige la innovación frente al estancamiento y te irá bien en el demencial mundo empresarial de hoy en día. Elige el riesgo calculado frente a la tendencia a operar siempre de la misma manera, y te irá estupendamente. Te irá de maravilla.

—Entendido. La verdad es que tiene lógica. ¿Y qué significa la M de IMAGE? —pregunté.

—Maestría —contestó ella—. Tienes que aspirar a la maestría en lo que hagas, maestría en tu oficio, ya sea vender grapas o educar niños. La maestría es la única norma de trabajar en estos tiempos cambiantes. Si aspiras a menos, te quedarás atrás. El cómico Steve Martin lo expresó muy bien: «Tienes que ser tan bueno que la gente no pueda ignorarte».

—Me encanta. Siempre me ha gustado Steve Martin. Y me anima mucho saber que cuando esté ejerciendo mi liderazgo al máximo, aunque no tenga un cargo, no podrán ignorarme. —La afirmación de Anna había desencadenado una oleada de energía dentro de mí.

—Es maravilloso oír eso, Blake. Mira, si a la gente con la que trabajas y la gente a la que sirves solo les caes bien, probablemente no durarás mucho en esta época de intensa competitividad. Lo que hace falta es que la gente te quiera. Te adore. Bese el suelo que pisas por la excelencia de lo que haces. Y la única fórmula que te llevará hasta ese punto es la maestría.

—Hay algo en esa palabra que me gusta —añadió Tommy. Entonces se sacó del bolsillo una foto arrugada del monumento a Washington—. Mira esta maravilla arquitectónica, Blake. La gente decía que era imposible construir una estructura tan visionaria. Pero el arquitecto que la creó, Robert Mills, consiguió el proyecto contra todo pronóstico. Los líderes hacen realidad la tarea que tienen delante pase lo que pase. Así que esta fotografía es mi recordatorio diario de que no debo prestar atención a las críticas de las personas negativas, sino vivir mis días dedicado a la maestría.

—Dar siempre lo mejor de uno mismo —me recordó Anna—. Eso es la maestría. Yo te animaría a ser un PUMM —añadió, guiñándole un ojo a Tommy.

—¿Un PUMM? —pregunté. No había oído eso nunca. Los dos se echaron a reír.

—A mí me parece que va a ser un gran PUMM —dijo Tommy, sin aclararme la causa de sus risas.

—Desde luego. Blake será un PUMM maravilloso —rió Anna, mientras yo seguía sin entender de qué iba aquello. Los dos chocaron los cinco.

—¿Alguno de vosotros podría decirme, por favor, qué es un PUMM? —supliqué yo.

—Un PUMM es una persona que se compromete a ser la Primera, la Única, la Más y la Mejor. PUMM. Y los dos estamos convencidos de que tú ya vas camino de ser un PUMM —explicó Anna; su tono confiado me animó.

—Claro que sí, Blake el Grande —dijo Tommy; sus ojos chispeantes irradiaban fe en mí. De pronto le dio un ataque de tos, se puso blanco y se le nubló la mirada.

—¿Estás bien, Tommy? —gritó Anna al tiempo que corría a su lado. Le agarró una mano; parecía preocupada. Estaba asustada. Yo también me acerqué, me arrodillé en el suelo, junto a él, y le pasé una botella de agua.

—Está empezando, ¿verdad? —preguntó ella con voz trémula—. Dijiste que todavía faltaba mucho, Tommy. Me prometiste que tardaría...

—Estoy bien —nos tranquilizó él, recobrando la compostura e incorporándose en el asiento—. Es solo una tos, nada de que preocuparse. ¿Podemos volver a la tarea de crear al Líder Sin Cargo que tenemos delante? El tiempo pasa. Estoy bien, de verdad —insistió.

—¿De verdad? —Anna todavía parecía preocupada.

—De verdad —repitió Tommy, carraspeando y mirando por la ventana.

—Bueno, de acuerdo. —Anna se esforzó por olvidar lo que acababa de ocurrir y volver a nuestro diálogo sobre la necesidad de aspirar a la maestría en el trabajo—. A ver, Blake, lo primero para alcanzar la maestría es elevar las exigencias que te planteas a ti mismo. Tienes que comprometerte a ser el primero, el único, el más y el mejor. Exígete a ti mismo más de lo que nadie puede exigirte. Juega en las grandes ligas, Blake. Vuela hasta lo más alto. La mayoría de la gente se exige muy poco. Apuntan muy bajo y, por desgracia, alcanzan su objetivo. De manera que, como verás, no tendrás mucha competencia en las cumbres.

—¿Quieres decir que es más fácil aspirar a la maestría que a lo corriente?

—Esa es una manera muy acertada de expresarlo. Sí, eso es exactamente lo que estoy diciendo. En el nivel más alto de excelencia hay menos competencia porque muy poca gente cree poder jugar en esa liga, y aún son menos los que se comprometen a desarrollar ahí su carrera. De manera que, como tú dices, estar allí es más fácil.

—Supongo que a muchos nos da miedo proponernos objetivos elevados y ambiciosos y luego fracasar —sugerí yo.

—Exacto, Blake. Pero ¿por qué juegas si no pretendes ganar? Yo te animaría a ser MDM en tu trabajo y en tu vida.

—¿MDM? No sé qué significa eso —repliqué—. Madre mía, sí que os gustan los acrónimos...

—Es verdad —admitió Anna—. Al cabo de un tiempo se convierten en una adicción. Además, constituyen un nuevo lenguaje de liderazgo con el que nos comunicamos los Líderes Sin Cargo. En fin, MDM significa el Mejor Del Mundo. En mi trabajo, aquí, en el hotel, me hago constantemente esta pregunta: ¿qué haría en este momento la persona que sea la mejor del mundo en este trabajo? En cuanto doy con la respuesta, me pongo a ello de inmediato y hago aquello que dará los mejores resultados y causará el mayor impacto. Mi objetivo aquí, cada día, es ser la mejor del mundo en mi arte de la limpieza. Y así progreso constantemente hacia la maestría —afirmó Anna, segura de sí misma.

—¿De verdad consideras la limpieza un arte?

—Desde luego. Para mí lo es. Y en él trabajo todos los días: para mejorar y sacar a la luz mi genio interior. Constantemente me propongo hacerlo mejor que el día anterior. Mi reto es alcanzar la maestría como limpiadora. ¡Esa idea me motiva muchísimo! Y debo decir que ser extraordinario en el trabajo es uno de los verdaderos secretos de la felicidad.

—¿De verdad?

—Sin ninguna duda. Pocas cosas consiguen que te sientas tan bien como el orgullo tras haber realizado un trabajo excelente. Y hacer un trabajo de primera clase da sentido a la vida, ¿lo sabías? —dijo, un poco filosófica.

—¿Por qué? —pregunté, aquello me interesaba. Muchas de las dificultades a las que me había enfrentado en los últimos años se debían precisamente a que me parecía que la vida no tenía sentido.

—El trabajo te ofrece una plataforma diaria desde la que descubrir al líder que llevas dentro. Es una oportunidad, todos los días, de sacar a la luz el potencial que habías enterrado y despertar la relación dormida entre tu tú actual y tu mejor tú. Es la oportunidad de expresar tu creatividad latente y tu valiosa humanidad. Y de presentar a los demás el genio que eres realmente, y así, a tu manera, ayudar a más gente, y eso da mucho sentido a la vida. Por eso realizar un trabajo excelente forma parte del propósito central de la vida.

Yo miré en silencio a Tommy; no parecía haberse recuperado del todo, pero tenía una expresión muy sabia. Asentía a las palabras de Anna. En ese momento pensé que el trabajo no es en absoluto una manera de pasar el tiempo y pagar las facturas. Es un regalo. Un medio magnífico para acceder a mis mejores dotes de liderazgo y, con ello, convertirme en una persona más feliz y hacer del mundo un lugar mejor.

—Ah, y te repito, por si te queda alguna duda, que todos tenemos el potencial de ser genios en lo que hacemos. La mayoría de la gente no cree esta verdad. Pero las creencias no son nada más que pensamientos que nos hemos repetido una y otra vez hasta que los hemos convertido en verdades personales. Lo más triste es que cada creencia se convierte inevitablemente en una profecía que se cumple. Si estás convencido de que algo es posible o imposible, lo más seguro es que tengas razón. Porque tus creencias determinan tu comportamiento. La verdad auténtica es que cada uno de nosotros llevamos dentro la genialidad. Pero erigimos un muro entre la persona que somos en un momento dado y la persona que podríamos ser. Muros como nuestra falta de confianza en nuestras capacidades, barreras como las distracciones diarias con las que llenamos nuestra vida y que, al final, no son nada. Una de las mejores decisiones que puedes tomar es la de derribar metódicamente todos los muros que se alzan entre tú y tu genio. Llegarás así a esa gran persona que llevas dentro.

»Un elemento clave —prosiguió Anna, cada vez más apasionada— en la búsqueda de llegar a lo más alto de tu capacidad de liderazgo es conectar con mayor intensidad con esos momentos en los que tu genio natural se presenta de manera más plena. Vive para esos momentos y comenzarás a experimentarlos cada vez más. Y a propósito, Blake, si de verdad fueras consciente de lo increíble que eres, seguramente te quedarías pasmado. La gente, salvo los más grandes entre nosotros, se ha desentendido del genio que albergan y han enterrado al gigante creativo que encarna su verdadera naturaleza. La gente no vive y trabaja de manera mediocre porque sea mediocre. Se comportan así porque han olvidado quiénes son realmente. Se han creído las falsas ideas que les han repetido una y otra vez y han decidido que no son especiales, que no hay un genio en ellos. Y como se ven de esa manera, se comportan consecuentemente. Recuerda, Blake, que siempre actuarás según la imagen que tengas de ti mismo. Tus pensamientos determinan tus resultados. Tu arquitectura mental y tu manera de procesar las condiciones exteriores te elevarán a la maestría o te hundirán en la mediocridad. Así pues, considérate capaz de llegar a la excelencia.

—Porque si creo que soy mediocre, que no soy capaz de

alcanzar la maestría, esa creencia se convertirá en una profecía que se cumplirá, ¿no?

—Exacto —contestó Anna—. Las personas que han triunfado piensan como triunfadores, y los mejores líderes adquieren soberbios hábitos de liderazgo. Varios estudios han confirmado que para alcanzar la maestría en cualquier área hace falta invertir unas diez mil horas.

—No lo había oído, pero parece interesante —comenté—. Explícate un poco más.

—La primera vez lo leí en un artículo del *Harvard Business Review* titulado «La creación de un experto», y es una idea con mucha fuerza. El artículo explicaba cómo alcanzan sus estelares resultados los mejores músicos, los mejores atletas, los mejores en diversos campos. Revelaba que los grandes expertos tienen una cosa en común: todos invirtieron aproximadamente diez mil horas en pulir su talento. Lo que debemos asimilar es que todos tenemos el potencial necesario para alcanzar la maestría en nuestro trabajo, sea cual sea. Pero generalmente hacen falta unas diez mil horas de esfuerzo, concentración y práctica en una actividad determinada para alcanzar el grado de MDM.

—Mejor Del Mundo —apunté, recordando el acrónimo.

—Eso es. Los mejores golfistas han pasado unas diez mil horas practicando el golf para llegar a ser jugadores de primera clase. Los mejores científicos del mundo se han dedicado a su campo durante unas diez mil horas, y esa devoción es lo que los ha hecho tan brillantes. Los mejores artistas del mundo han pasado unas diez mil horas concentrados en practicar su arte, y dada esa intensidad de práctica alcanzaron el punto de máxima genialidad. De manera que la concentración unida al tiempo produce maestría. Todos nosotros, todos, como Líderes Sin Cargo, tenemos la capacidad de llegar a este punto de apariencia inalcanzable. Por desgracia, son muchos los que no creen en ello y no dedican el tiempo necesario para alcanzar este objetivo.

—Esas ideas son muy útiles...

—Muchas gracias, Blake. Si hubiera más gente que comprendiera lo grande que puede llegar a ser, las empresas, las comunidades y las naciones, es decir, las organizaciones de todo tipo, operarían a niveles muy superiores de rendimiento. Y la verdad es esta: diez mil horas en una vida normal, lo que implica dormir, relacionarnos con la gente y realizar otras actividades cotidianas, suponen unos diez años. Así que la idea de las diez mil horas podría también llamarse la Regla de los Diez Años. Durante unos diez años tendrás que concentrarte en la actividad particular en la que quieras alcanzar la maestría. Esa es la fórmula, muy poco conocida, para alcanzar el auténtico éxito de primera clase: diez años de concentración, esfuerzo y práctica constante. Pero ¿cuántas personas están dispuestas a hacer eso en el vertiginoso mundo en que vivimos? La gente quiere recompensas de inmediato. Pero la maestría requiere tiempo, esfuerzo y paciencia. Y muchos no quieren asumir ese compromiso. O se rinden demasiado pronto. Y entonces se preguntan por qué no han llegado a ser superestrellas en su trabajo.

—Y en lugar de asumir la responsabilidad personal de

su fracaso, en lugar de aceptar que no han hecho lo necesario, ponen excusas y echan la culpa a otros, a sus jefes, a la competitividad en la industria en la que trabajen, a sus compañeros de equipo o a los tiempos turbulentos en los que vivimos —añadí yo.

—Eso es, Blake. O culpan a sus padres, a su pasado, o al tiempo. Es curioso cómo el ser humano se protege y, al protegerse, se destruye. El único tiempo que cuenta es el que tú llevas dentro. Y la única economía que importa está en tu cerebro.

—Lo entiendo perfectamente, Anna. Cada uno es responsable de cómo responde al entorno en el que se encuentra. Podemos afrontar una nueva situación manteniendo una actitud excepcional o conformándonos con la mediocridad y quedándonos anclados en la negatividad. Y en ese caso, además de poner excusas, permitiremos que nos distraigan un millón de cosas que al final no significan nada.

—Sí, y esa es otra táctica para no invertir la concentración y el tiempo necesarios en alcanzar la maestría. La desidia es otra forma de miedo. Piensa en cualquier atleta profesional. Ha pasado las mejores horas de los mejores años de su vida haciendo los sacrificios que exige ser un MDM. Se levanta temprano, entrena constantemente, practica con tesón. Mientras otros veían la televisión, él veía vídeos para aprender. Mientras otros comían pizza, él comía ensalada. Mientras otros estaban calentitos en su cama, él estaba fuera corriendo a pesar del frío. Le impulsaba la oportunidad de llegar a ser grande. De ver el genio que llevaba dentro. De hacer realidad su liderazgo. Fíjate en las superestrellas. Toda esa gente tiene una cosa en común: durante más de diez años se concentraron en llegar a ser muy buenos en lo que hacían. Pagaron el precio que exige el éxito. Estuvieron dispuestos a hacer lo necesario para sacar lo mejor de sí mismos. Y ahora la gente dice que son «especiales», que tienen un don. ¡No es verdad! —exclamó Anna—. Todos llevamos dentro esa capacidad, pero muy pocos son conscientes de ello y ejercen la disciplina necesaria para hacerla realidad. De manera que pasan por la vida hundidos en la mediocridad. Es triste, ¿verdad? —concluyó mientras pasaba el dedo por una mesa para ver si había alguna mota de polvo.

—Sí, muy triste —asentí—. Es un desperdicio colosal de talento humano. Todo esto me hace ver de manera muy distinta mi trabajo en la librería. Oír lo que dices y saber lo que piensas de tu trabajo en el hotel es para mí una verdadera revelación. Ahora comprendo que tengo el potencial para ser un genio como vendedor de libros.

—Cuidado, Tigre —terció Tommy afectuosamente—. Diría que planeas echarme de mi puesto y largarte al Caribe forrado de pasta.

—De hecho eso era precisamente lo que estaba pensando —respondí medio en broma—. Desde que volví de la guerra, no he tenido ningún objetivo. No había encaminado mi carrera en ninguna dirección. Lo cierto es que nada me impulsaba a levantarme de la cama por la mañana y encender el interruptor de la maestría en mi interior. La verdad, Anna, es que tú has sabido dar con ese interruptor. Te lo agradezco muchísimo.

—Ha sido un placer, Blake el Grande. Ahora solo espero que comuniques la filosofía del Líder Sin Cargo a todo aquel que conozcas. Por favor. Y recuerda también que si quieres obtener excelentes resultados debes poner en práctica estas ideas de inmediato. Las ideas no valen nada a menos que las actives con acciones centradas y persistentes. Los mejores líderes jamás abandonan una buena idea sin hacer algo, no importa lo pequeño que sea, por insuflarle vida. Hay un montón de gente que tiene buenas ideas. Pero los maestros llegaron a serlo porque tuvieron el coraje y la convicción de poner en marcha esas ideas. «Cualquier idea poderosa es absolutamente fascinante y absolutamente inútil hasta que decidimos usarla», escribió Richard Bach. Lo que de verdad produce grandeza es la acción al rojo blanco en torno a ideas al rojo vivo. En sí misma, una idea, por genial que sea, no vale nada. Lo que le da un valor incalculable es la calidad en su realización y la velocidad de ejecución en torno a ella. En realidad, hasta una idea mediocre que se ponga en práctica con excelencia es más valiosa que una idea genial seguida de una mala realización. El mero hecho de empezar algo, sea una nueva iniciativa para mejorar tu negocio, sea tender una mano a un compañero con el que solías competir, es una acción sabia. Sí, el primer paso es el más difícil. Pero una vez que lo has dado, todo va resultando más fácil. Y cada paso positivo que siga al primero, pone en marcha otra consecuencia positiva. Empieza haciendo lo que haga falta para llevar tu trabajo y tu vida donde tú sabes que pueden llegar. Yo lo llamo el Valor de Empezar. Empezar es lo más difícil. Pero una vez que empiezas, la mitad de la batalla está ganada. Empezar exige toda tu voluntad y tu fuerza interior, pero luego todo resulta más fácil. Pequeños y consistentes pasos para ganar inercia. Las pequeñas ondas de excelencia se convierten con el tiempo en un *tsunami* de éxito. Toda acción conlleva una consecuencia. Las cosas comienzan a avanzar. Puertas que ni siquiera sabías que existían se abren a tu paso. El éxito es en gran medida una cuestión de números. Cuantas más acciones realices, más resultados verás.

—Recuerdo haber leído que la lanzadera espacial utiliza más combustible en los primeros tres minutos después del despegue que durante todo el viaje alrededor de la Tierra —observé.

—Muy buena metáfora, Blake —comentó Anna alegremente—. El primer paso es siempre el más difícil. Porque estás luchando contra la fuerza de la gravedad de tus viejas ideas y costumbres. A nadie le gusta el cambio. Buscamos lo predecible, lo nuevo nos asusta, los sistemas internos entran en distintos grados de confusión y caos. Pero la maestría no puede alcanzarse a menos que estemos siempre dispuestos a actuar para hacer avanzar las cosas. Una herramienta muy práctica es lo que yo llamo «Las Cinco Diarias». Imagínate realizar cinco acciones diarias, pequeñas pero importantes, para acercarte a tus objetivos.

—Dar cinco pasitos hacia delante cada día no me costaría mucho —admití.

—Eso es lo bueno del concepto de Las Cinco Diarias, Blake, que todo el mundo puede hacerlo. Los grandes cambios dan miedo, pero cualquiera puede alcanzar cinco pequeños objetivos al día. Y, con el tiempo, las pequeñas mejoras diarias llevan a resultados inimaginables. Al cabo de un mes habrás alcanzado ciento cincuenta objetivos. Y doce meses después habrás logrado más de dos mil objetivos. Imagínate la seguridad que tendrías dentro de un año si lograras dos mil objetivos. Imagínate lo que serían los siguientes doce meses no solo en tu trabajo en la librería sino también en lo que concierne a tu salud, tus relaciones y las otras áreas importantes de la vida cuando lograses dos mil resultados pequeños pero significativos.

—Mi vida parecería distinta —admití. Todo aquello me motivaba. Podía hacerlo.

—Así es, Blake, no te quepa duda. Y tú te mereces una vida feliz y con éxito. Te mereces trabajar y vivir de una manera que te permita expresar lo mejor de ti mismo y sentirte importante en todos los sentidos. Lo cual me lleva a la A de IMAGE.

—¿Qué significa?

—Autenticidad. El viejo modelo de liderazgo, como ya he mencionado, se basaba en el poder que da la autoridad de tu puesto y la influencia que otorga un cargo, lo sabes muy bien. Pero en esta época radicalmente nueva de hacer negocios, tu capacidad de influir y hacer una contribución a los demás surge de quién eres como persona, no de la autoridad que te otorgue tu posición en el organigrama de una empresa. Nunca ha tenido tanta importancia como ahora ser digno de confianza. Nunca ha sido tan importante ganarse el respeto de los demás. Nunca ha sido tan importante mantener las promesas que hagas a tus compañeros y a tus clientes. Y nunca ha sido tan esencial ser auténtico. Por otra parte, debo añadir que, debido a la presión social que nos obliga a ser como los demás, nunca como ahora ha sido tan difícil ser auténtico. Los medios de comunicación, los compañeros y todo lo que nos rodea nos machaca con mensajes encaminados a que vivamos con sus valores y no con los nuestros. Existe una fuerte presión para que nos comportemos como la mayoría. Pero el liderazgo consiste en hacer oídos sordos a las ruidosas voces de los demás para poder oír con claridad el mensaje y la llamada de tu interior. Esto me recuerda las palabras del doctor Seuss: «Sé quien eres y di lo que sientes, porque a los que esto les molesta, no importan, y los que importan, eso no les molesta». Y eso es justamente la autenticidad, Blake.

Se trata de sentirte seguro en tu propia piel y aprende a confiar en ti mismo de manera que trabajes siguiendo tus propios valores, expreses tu voz original y seas lo mejor que puedas ser. Se trata de saber quién eres, qué defiendes, y luego tener el valor de ser consecuente contigo mismo en cualquier situación, no solo cuando te viene bien. Se trata de ser real, consistente y congruente, de que tus actos en el mundo reflejen cómo eres por dentro. Y ser auténtico y fiel a ti mismo significa conocer tu potencial y aspirar a la maestría, porque eso es lo que de verdad eres.

—Y el gran Ralph Waldo Emerson nos recuerda —terció Tommy—: «Ser tú mismo en un mundo que intenta constantemente convertirte en otra cosa es el mayor de los logros».

—Qué gran verdad, Tommy —convino Anna—. ¿Estás mejor? —preguntó, solícita.

—Estoy perfectamente. —Tommy echó un vistazo a su reloj de Bob Esponja.

Anna se sentó en el sofá, junto a él, y Tommy la rodeó con el brazo.

—En mi tiempo libre leo muchos libros de empresa —comentó Anna—. Saco mucha bibliografía de los seminarios de formación a los que voy. Recuerdo que en uno de Jack Welch leí una cosa que no se me olvidará nunca: «No te pierdas en el camino hacia la cumbre». Warren Buffett se refería a lo mismo cuando dijo: «Nunca habrá un mejor tú que tú mismo». Y Oscar Wilde advirtió: «Sé tú mismo. Todos los demás ya están ocupados». La autenticidad es uno de los principios más profundos que ejemplifica la filosofía del Líder Sin Cargo. Para ser un líder que aspira a influir positivamente en cuantos te rodean, lo más importante es sentirte cómodo en tu propia piel y presentar a todos tu verdadera personalidad —concluyó Anna en tono apasionado.

—Así que ser auténtico —dije— no solo consiste en ser digno de confianza, mantenerte fiel a tu misión y tus valores y hablar con honestidad. Por lo que dices, ser auténtico significa también realizar todo mi potencial y llegar a conocer de verdad al genio que llevo en mi interior —repetí; ponía toda mi atención en lo que estaba aprendiendo.

—Sí, Blake. Ser auténtico no significa simplemente mantenerte fiel a tus valores. Ser auténtico significa ser fiel a tus talentos. Ir a trabajar todos los días ejerciendo tu liderazgo al máximo es un perfecto ejemplo de la autenticidad.

»Yo reconozco a una persona auténtica a kilómetros de

distancia. Huelo su sinceridad, noto su autenticidad. Su pasión por la grandeza contacta con mi anhelo de grandeza. Y eso me permite sentirme cerca de ellos, Blake. Cuando te permites ser una persona abierta, auténtica y brillante con los demás, permites a los demás que sean abiertos, auténticos y brillantes contigo. El mero hecho de estar a tu lado hace que se sientan seguros y heroicos. Se relajan y se abren. La confianza crece. Y empiezan a pasar cosas increíbles.

Anna hizo una pausa para beber un sorbo del café de Tommy y dar un mordisco a una trufa.

—«La autenticidad consiste en ser fiel a quien eres incluso cuando todos los que te rodean quieren que seas otra persona», dijo el gran jugador de baloncesto Michael Jordan. Leí su libro, *Driven from Within*, cuando todavía vivía en Buenos Aires. Es una persona extraordinaria y un deportista soberbio. Y su mensaje es muy claro: comprométete con tu misión, con tus valores, y aspira a expresar al líder que llevas dentro incluso cuando todos dudan de ti. Cuando la gente te dice que fracasarás o que no eres lo bastante bueno, mantente firme y no dejes que te hundan. Porque el liderazgo consiste también en creer en ti mismo cuando nadie cree en ti.

—¿Te gusta Jordan? —pregunté, me sorprendía que aquella atractiva limpiadora argentina fuera admiradora de un jugador profesional de baloncesto.

—¡Vaya si me gusta! —rió ella—. Es incluso más guapo que Tommy.

—Eso no ha tenido gracia —replicó Tommy, fingiéndose molesto. Se ajustó el cuello de la camisa e hizo como si se arreglase el pelo. Anna y yo nos miramos y nos echamos a reír.

—Y Bono, el cantante de U2 —continuó Anna—, también hablaba de la importancia de ser auténtico en este mundo en que vivimos: «Por favor, deja tu ego, por favor, sé tú y nadie más. Eres preciosa tal como eres».

—Espléndido —admití.

—Tú también eres preciosa —dijo Tommy.

—Gracias, cariño. Recuerda, Blake, que cuanto más alimentes tu ego (que no es nada más que la parte artificial de ti mismo que has construido para recibir la aprobación de los demás) y pierdas de vista quién eres de verdad, más voraz será tu ego.

—Así que nuestro ego es la parte social de nosotros mismos que crece a medida que intentamos convertirnos en la persona que el mundo de nuestro alrededor quiere que seamos en vez de en la persona que somos realmente —resumí.

—Exacto. Una vez leí la historia de un estudiante que se encontró por la calle con un sabio anciano de su comunidad. El joven admiraba al anciano tanto por sus logros como por su fuerte carácter, y le preguntó si alguna vez había tenido pensamientos débiles y si había sucumbido a la tentación del ego, que pretende que nuestra vida se rija por vanidades superficiales como los títulos y la posición social. Y el anciano contestó: «Pues claro que tengo pensamientos débiles y mi ego intenta desviarme de mi camino todos los días. Soy humano. Pero también tengo mi lado auténtico, mi naturaleza esencial, lo que yo soy de verdad. Y esa parte crea los pensamientos nobles y valientes, y me ayuda a centrarme en llegar a ser lo mejor que pueda ser. Es casi como si dentro de mí llevara dos perros. Un perro bueno que trata de llevarme adonde sueño que quiero ir, y un perro malo que intenta apartarme de mi camino ideal».

«¿Y cuál gana?», preguntó el joven estudiante. «Muy fácil —contestó el anciano—. Gana el que alimento más.»

—Una historia magnífica —dije; había entendido perfectamente la importancia de la autenticidad para llegar a ser un líder excelente.

—Todos los días, antes de entrar en el trabajo, los Líderes Sin Cargo dejan su ego en la puerta. En lugar de obsesionarse con los objetivos que la sociedad quiere que rijan nuestra vida, como un despacho más grande y un sueldo más alto, dedican toda su concentración y sus increíbles capacidades a realizar su trabajo de la mejor manera posible; de ese modo, dejan una huella en las vidas de sus compañeros y sus clientes, y crean una organización mejor. No definen su éxito por lo que consiguen sino por lo que dan. Eso, además de hacerlos especiales a los ojos de todo el mundo, los llena de una sensación de plenitud y felicidad. Porque saben que están empleando su vida a una causa con sentido.

Anna consultó su reloj.

—Me vas a perdonar, Blake el Grande, pero tengo que volver al trabajo. Te explicaré rápidamente las dos últimas reglas del acrónimo IMAGE. La G significa Gran valor en los negocios. No hace falta tener un cargo para ser líder, pero lo que sí hace falta es ser duro y tener valor. Para ser un Líder Sin Cargo deberás ser persistente casi hasta el absurdo y valiente hasta el límite. Tendrás que atreverte a más de lo que se atreve una persona razonable, arriesgarte mucho más que una persona corriente. No es tan difícil como puede parecer. Todos tenemos en nuestro interior una mina de valentía que está deseando que la exploten. Todos queremos ser superhéroes de una manera u otra y tener la fortaleza suficiente para seguir adelante cuando los demás se han rendido. ¿Sabes, Blake? El éxito es una cuestión de números. Y aquellos que se convierten en los mejores y más brillantes líderes en su trabajo son los que se convencen de que el fracaso no es una opción. Demasiada gente, en cuanto encuentra un poco de resistencia, tira la toalla ante esa nueva idea que mejorará la empresa o esa nueva táctica que unirá al equipo. Pero la naturaleza del liderazgo es tal que a medida que tus sueños se hagan más ambiciosos y tu maestría aumente, encontrarás más resistencia. Cuanto más te alejes de los valles de la comodidad en tu apasionada búsqueda de las montañas de la oportunidad, más obstáculos encontrarás en la escalada. Hallarás adversidades. Las cosas irán mal. La competencia intentará acabar contigo. Hasta la gente que te rodea tratará de desanimarte. Aquellos que se aferran a la antigua manera de hacer las cosas y temen los cambios se unirán y se convertirán en tus críticos más agresivos. Dirán que te equivocas en lo que haces, que estás desequilibrando las cosas y que estás loco. Y será cierto.

—¿En serio?

—Claro. Tener el valor de ver oportunidades donde otros ven desafíos, tener el coraje de ver que las cosas pueden mejorar mientras otros se complacen tal como están, es ser un visionario. Y eso a casi todos nos da mucho miedo. A mucha gente le asustan demasiado los cambios que hay que atravesar en el camino hacia una versión mejor de su más ambiciosa meta. No soportan renunciar a lo que conocen, son incapaces de aceptar que las cosas pueden ser diferentes de como han sido siempre. Por tanto, calificarán de loco a cualquiera que piense y se comporte de manera diferente. Casi nadie consigue liberarse de su pasado para intentar ser más y hacer más. Y la gran mayoría, en lugar de aplaudir a quien sí tiene el valor y la fuerza de innovar, de recrear y de sobresalir, lo condena, lo critica, lo ridiculiza. Pero lo cierto es que eso no es más que el mecanismo de defensa de individuos temerosos de crecer. Las críticas son el mecanismo de defensa que utiliza la gente asustada para protegerse del cambio.

—¡Caramba...! Es una reflexión fantástica, Anna —dije, admirado.

—Y es cierta. Lo que estoy diciendo es que al ejercer un verdadero liderazgo atraerás la atención, y la condena, de los críticos. Algunos insultarán tu nuevo pensamiento de líder. Otros se opondrán a tu ansia de obtener un mejor rendimiento o a tu firme propósito de darlo todo. Muchos te tendrán envidia. Pero como dijo Fulton Sheen: «La envidia es el tributo que la mediocridad paga a los genios».

—¡Me encanta! —exclamé con entusiasmo.

—Mientras te esfuerces por obtener mejores resultados y ejercer una influencia de primera magnitud, toparás con inevitables obstáculos. Cuando destaques entre la multitud exigiéndote a ti mismo mucho más de lo que cualquiera te exigiría, pasarás por períodos de duda. Pero tu fe en lo que puedes lograr y tu creencia en el líder en que te vas a convertir debe superar tu miedo. Como he dicho antes, debes mantenerte apasionadamente fiel a tu meta y tener la fuerza suficiente para seguir dando lo mejor de ti mismo. Y para eso hace falta mucho valor. Requiere la absoluta determinación que han tenido todos los grandes hombres y mujeres que te han precedido en el camino. Y tú lo tienes, Blake. Tal vez ahora ha llegado el momento de que lo pongas en funcionamiento.

—Estoy totalmente de acuerdo. ¿Y qué significa la E de IMAGE, Anna? —pregunté, sabiendo que mi encuentro con el primero de los cuatro maestros tocaba a su fin. Aunque acababa de conocerla, sabía que echaría de menos a Anna... esa orgullosa y atractiva mujer de noble espíritu con una flor colocada delicadamente en su largo y moreno pelo.

—Ética —respondió ella con afecto—. Algo que por desgracia muchos hombres de empresa parecen haber olvidado en estos tiempos apresurados en que vivimos. Son demasiados los que siempre buscan el atajo. Van por el dinero rápido y piensan solo en sí mismos. ¿Qué ha sido de los buenos modales, qué ha sido de la ética? Parece que han olvidado que hacer negocios bien es algo realmente bueno para los negocios —afirmó Anna con vehemencia.

Tommy volvió a unirse a la conversación:

—Nunca te equivocarás al hacer lo correcto, amigo —dijo—. Nunca. Si una cosa he aprendido sobre el éxito en el liderazgo, es que se encuentra en la intersección donde la excelencia se cruza con el honor.

—Mi abuelo hablaba mucho del honor —comenté yo—. Decía que no hay nada más importante que ser honesto, ser digno de confianza y tratar a los demás como nos gustaría que nos trataran a nosotros. Todavía recuerdo su frase favorita: «Lo bien que hagas la cama determinará lo bien que dormirás en ella». Yo esto lo entendía en el sentido de que la manera en que hacemos cualquier cosa es la manera como lo haremos todo. Y si nos saltamos la ética, aunque solo sea una vez, contaminaremos todo lo que toquemos.

—Tu abuelo era un hombre muy sabio, Blake —afirmó Anna con respeto—. No hay nada más valioso en el trabajo que mantenerse fiel a los propios valores y proteger nuestro buen nombre. En muchos aspectos lo único que tienes es tu reputación. Te sugiero que no hagas nunca nada que manche tu integridad como Líder Sin Cargo. En el fondo, la gente acudirá a ti o huirá de ti según sea tu reputación. Vivimos en un mundo fascinante. Ahora, como nunca, cualquier persona puede movilizar a una masa de seguidores. Con unas cuantas pulsaciones en el teclado, los consumidores pueden informar al mundo de quién eres, qué has hecho y qué defiendes. Teniendo esto en cuenta, mantén siempre una reputación impecable y protege tu marca personal siendo siempre implacablemente ético. ¿Sabes? He leído de gente que ha dedicado cuarenta años de su vida a forjarse una gran reputación y crear una fantástica empresa y luego lo ha destruido todo con una decisión estúpida tomada en sesenta segundos. Sé siempre exquisitamente honesto, Blake. Di lo que quieres hacer y haz lo que dices. Sé absolutamente humilde. Y dedícate en cuerpo y alma a trabajar con el tesón de la gente a la que más admiras. La integridad siempre produce magníficas recompensas. Ten el valor de que tus actos reflejen siempre tu credo. Y que el vídeo esté siempre sincronizado con el audio. Confía en mí, Blake, esto es muy importante. Por favor, créeme —enfatizó Anna.

Entonces se levantó del sofá y se acercó a mí. Me dio un afectuoso abrazo y dos besos, uno en cada mejilla.

—Ha sido un placer conocerte —dijo mientras nos acompañaba a Tommy y a mí a la puerta. Nos guió hasta el vestíbulo y luego a la calle, bajo el sol del otoño—. Eres un chico estupendo y estoy segura de que lograrás grandes cosas en tu carrera y en tu vida. Por favor, lleva siempre contigo la filosofía de que no necesitas un cargo para ser líder. Cualquiera puede ser líder. Y todo empieza en ti, con tus propias decisiones.

Sus últimas palabras permanecieron conmigo mientras Tommy ponía en marcha su Porsche y recorríamos las ajetreadas calles del SoHo. No tenía ninguna duda de que algo muy profundo en mí estaba cambiando radicalmente. Y que la persona que era antes se había transformado por completo. Empezaba a asimilar también qué significaba de verdad ser líder. El liderazgo no es solo algo que se ejerza de vez en cuando para alcanzar determinados objetivos y ganar un concurso de motivación. El liderazgo es mucho más que eso. Es una forma de expresar lo mejor que llevamos dentro. Significa utilizar al líder interior que todos llevamos dentro no solo para mejorar nuestra vida sino también las vidas de los que nos rodean, desde nuestros compañeros hasta los clientes a los que tenemos el privilegio de servir. Empezaba a entender de una forma mucho más honda que el liderazgo es la ventaja más importante con la que cuenta cualquier organización de primera clase, la fuente de todo gran logro y los cimientos de una vida extraordinaria. Deseé ardientemente que la filosofía del Líder Sin Cargo llegara a más personas. Y me prometí una vez más que haría todo lo que estuviera en mi poder por extenderla.

La primera conversación
de la filosofía del Líder Sin Cargo:

No hace falta tener un cargo para ser líder

LAS 5 REGLAS

Innovación
Maestría
Autenticidad
Gran valor
Ética

ACCIONES INMEDIATAS

En las siguientes veinticuatro horas haz una lista de todas las áreas, tanto en tu trabajo como en tu vida personal, en las que estés eludiendo tu responsabilidad con el método de hacerte la víctima. Luego haz otra lista de tus Cinco Acciones Diarias, para cada uno de los siguientes siete días, encaminadas a realizar un cambio positivo como Líder Sin Cargo. Explora también los recursos en robinsharma.com para profundizar tu aprendizaje.

CITA PARA RECORDAR

«El dinero, la influencia y la posición no son nada comparados con la mente, los principios, la energía y la perseverancia.»

ORISON SWETT MARDEN

5

La segunda conversación de liderazgo: Las épocas turbulentas crean grandes líderes

> Persistiré hasta triunfar. Yo no vine derrotado a este mundo, el fracaso no corre por mis venas. No soy una oveja esperando que la dirija su pastor. Soy un león, y me niego a hablar, a caminar y a dormir con las ovejas. Persistiré hasta triunfar.
>
> OG MANDINO

> El dolor es pasajero. El abandono es para siempre.
>
> LANCE ARMSTRONG

—Estoy ilusionado con nuestro próximo encuentro —comentó Tommy mientras aparcaba en la elegante zona de Tribeca, en Nueva York—. El maestro es todo un personaje, Blake. Anna desde luego es muy especial, pero este es la bomba. Es pintoresco a más no poder, bromista y espontáneo, y encima inteligentísimo. Él te hablará del segundo principio de la filosofía del Líder Sin Cargo. El primero ya lo conoces.

—Sí, desde luego: No hace falta tener un cargo para ser líder —recité orgulloso.
—Excelente. Pues ahora aprenderás el segundo.
—¿Cuál es?
—Las épocas turbulentas crean grandes líderes —contestó Tommy—. Los momentos difíciles son pasajeros, pero las personas fuertes siempre están ahí. Las condiciones duras son oportunidades para convertirnos en héroes. Y los tiempos que suponen un reto, tanto en los negocios como en la vida, son oportunidades increíbles para transformar el desastre en éxito. —Sonrió—. Los problemas y los días difíciles te sentarán bien, amigo mío.
—¿Los días difíciles? Madre mía, yo tengo la sensación de haber vivido una década difícil —repliqué, sarcástico.
Tommy me miró y de pronto los dos nos echamos a reír.
—¡Muy bueno, Blake! Me gusta tu estilo. Veo que te sientes bien, y eso me hace feliz. Ya han empezado a pasarte cosas geniales. Tu futuro parece de lo más prometedor.
Mientras caminábamos, Tommy cantaba aquella canción de los Rolling Stones que dice que no siempre conseguimos lo que queremos pero que hay que conseguir lo que necesitamos. Me pareció que me estaba preparando para mi siguiente lección.
—Cuánta verdad hay en esta canción, Blake. Los negocios y la vida pueden ser de lo más imprevisibles, sobre todo en estos tiempos inciertos. Justo cuando crees saber lo que te depara el futuro, de pronto un competidor o una nueva tecnología revolucionan la industria. Justo cuando parece que las cosas van a volver por fin a la normalidad, se

realiza una fusión de empresas y la organización ya no vuelve a ser la misma. Justo cuando crees que lo tienes todo programado, una montaña de cambios te cae encima y te aplasta. Y dentro de unos minutos entenderás exactamente lo que quiero decir con la metáfora de la montaña.

—Tommy miró alrededor mientras cruzábamos la calle—. ¿Te he dicho ya la ilusión que me hace que conozcas al segundo maestro? —me preguntó.

—Sí, Tommy —contesté en un susurro.

Entramos en una pequeña tienda con un viejo letrero pintado a mano en el que ponía: ESQUÍ TY SLOAN. El interior era sorprendentemente luminoso; los esquís y otros artículos deportivos estaban muy bien ordenados y organizados. En las paredes colgaban numerosas fotografías en blanco y negro de un atractivo esquiador rubio, además de grandes carteles con lemas como: «Enfréntate a tu miedo», «Las pistas más difíciles forman a los mejores esquiadores» y «Conquista tu propio Everest».

Detrás del mostrador había un hombre alto, bronceado y atlético que debía de tener algo más de cincuenta años. Llevaba un ajustado suéter Icebreaker, unos tejanos gastados y modernas gafas de sol Persol. Al vernos salió corriendo a saludarnos con una amplia sonrisa y se quitó las gafas en un claro gesto de amistad.

—¡Eh, tío! —gritó al tiempo que envolvía a Tommy en un abrazo de oso que hasta lo levantó del suelo—. Qué alegría verte otra vez, colega. ¿Cómo va el negocio de los libros? ¿Sigues ganando todos los concursos con eso del Líder Sin Cargo que te echamos encima hace ya tantos años?

—Por supuesto, Ty. Yo también me alegro mucho de verte —contestó Tommy con tanto afecto como su amigo—. Sí, en el trabajo todo sigue yendo de maravilla. Con todas las ideas que compartisteis conmigo, me pusisteis en el camino del éxito. Nunca podré pagároslo. Antes del día que pasamos juntos mi vida era un desastre. Pero a partir de entonces todo cambió por completo. La filosofía que me enseñasteis fue como una cura milagrosa. Gracias, Ty. Muchas gracias —dijo Tommy con evidente sinceridad.

—De nada, colega. Oye, ¿este es el tipo del que me hablaste, Tom?

Yo tendí la mano, pero al instante me vi envuelto en otro abrazo de oso que casi me dejó sin respiración.

—Soy Ty Boyd. Me alegro de conocerte, hermano —bramó Ty, estrujándome entre sus brazos.

—Ty, te presento a Blake. Blake, Ty. ¿Te dice algo su nombre? —preguntó Tommy, jugueteando distraído con su pañuelo de Mickey Mouse.

—Eh... pues no, lo siento. Igual debería sonarme, pero la verdad es que no. Perdona, Ty.

—Oye, no pasa nada, Blake. Qué tontería. A mí esas cosas me dan igual. Yo no tengo ego. De hecho, he aprendido que cuanto más ego tienes, peor funcionas.

Yo no sabía muy bien qué quería decir con aquello.

—Ty ha sido campeón de eslalon cinco veces —me informó Tommy—. ¿Ves esa foto? —Señaló al joven esquiador de las fotografías de la pared—. Ese es nuestro hombre esquiando en Taos, Nuevo México, si no me equivoco.

—No, no te equivocas. Taos es uno de los mejores sitios

del mundo para los amantes de la nieve en polvo como yo. Me encantaba esquiar allí. Era alucinante.

—Así que eres esquiador profesional... —dije mirando a aquel carismático personaje.

—Lo era, colega. Competía en todo el mundo, pero tuve que dejarlo con treinta y pocos años, después de destrozarme la rodilla en un evento en Kitzbühel, Suiza. Luego estuve unos años trabajando de instructor de esquí en algunas de las estaciones de esquí más divertidas del mundo, como Whistler, en Canadá, Val d'Isère, en Francia, Coronet Peak, en Nueva Zelanda, y Aspen, en Colorado, aquí, en Estados Unidos. Y luego, no sé cómo, aparecí en esta estrepitosa jungla. Pensé que en Nueva York habría unas cuantas personas que necesitarían esquís. Y me quedé. En verano vendo bicicletas de montaña. Bueno, ya ves que esto no es lo que se dice un emporio; para serte sincero, colega, aquí no me voy a hacer rico. Pero cada día me levanto sabiendo que voy a trabajar en algo que me encanta. Y como solíamos decir cuando me dedicaba a esquiar: «Puede que no sea rico, pero mi vida es fantástica». Me encanta animar a la gente a que practique el maravilloso deporte del esquí. Además, mi trabajo me permite no perder el contacto con la nieve, todos los años hago algún que otro viaje de esquí con algunos de mis proveedores. Soy un tipo feliz. Y para mí eso es lo más importante.

—Estoy impresionado, Ty. Es un placer conocerte.

—No, el placer es mío. Tommy me ha dicho que luchaste por nosotros en la guerra de Irak.

—Sí —contesté, nada seguro de qué pensaría Ty de eso,

aunque, después de oír el agradecimiento de Anna por mi servicio en el ejército, esperaba lo mejor.

—Pues antes de que te cuente lo que has venido a oír, déjame que te dé otro abrazo, colega.

Ty me envolvió de nuevo entre sus brazos.

—He leído mucho sobre Irak, sé lo que tuvisteis que pasar allí, colega. Te aseguro que estoy contigo y con tus compañeros. Sé que muchos de los que luchasteis en Irak y Afganistán tenéis que lidiar luego en casa con el estrés postraumático, aparte de los problemas de relación con la esposa, la novia, los hijos. Estoy con todos vosotros, de verdad. Y aunque ya sé que para ti no significará mucho, quiero darte las gracias. Gracias por todo lo que tú y los demás soldados habéis hecho por nosotros. Podemos vivir con la libertad que tenemos gracias al valor que demostrasteis.

Yo no sabía qué decir. Hacía mucho que no me sentía honrado por mi servicio en el ejército y empezaba a darme cuenta de que lo que yo percibía como una pesadilla había sido un evento pasajero en mi vida. Y como Líder Sin Cargo tenía dentro el poder natural de decidir qué significado y qué importancia concedía a cualquier circunstancia que se me presentara. Al interpretar las circunstancias de manera positiva y útil, estaría pulsando el interruptor para pasar de víctima a líder. Al transformar algo que yo consideraba malo en un acto que ahora podía considerar bueno, aceleraría mi éxito y activaría mi líder interior. Y parte de esa transformación esencial requería dejar de poner excusas para justificar lo que era mi vida antes de conocer a Tommy y asumir que mi destino en Irak había sido un período de profundo crecimiento interior que podía utilizar para crear un futuro todavía más prometedor. De no haber sufrido aquellas experiencias, no estaría preparado para realizar los cambios que estaba realizando. Todas las dificultades de mi pasado podían verse como una preparación para mi inminente liderazgo en el futuro. Me di cuenta de que con esta recalificación radical de mi servicio en el ejército me sentía más feliz y con más energía que desde hacía años.

—Tus palabras son de gran ayuda, Ty. Y, por cierto, de nada.

—Pasa, Blake. —Ty me señaló un sillón en la esquina de la tienda—. A lo mejor puedo pagarte parte de mi deuda comentándote ciertas ideas de extraordinaria fuerza y ofreciéndote unas herramientas útiles para que sigas transformando tu manera de trabajar y de vivir. Tommy me contó que veníais, así que he traído unos bocadillos de salami y queso. ¿Habéis ido a ver a Anna esta mañana, Tommy?

—Claro.

—Menuda mujer, ¿eh, Blake? Guapa, lista e increíblemente buena —la elogió Ty.

—Es muy especial —dije—. Esta mañana me ha enseñado cosas fantásticas, empezando con el primer principio de la filosofía del Líder Sin Cargo: No hace falta tener un cargo para ser líder. La verdad es que he salido transformado de ese encuentro. Sin duda. Me siento totalmente distinto.

—Me alegro, colega. Supongo que ahora me toca a mí. Estás aprendiendo lo que significa ser Líder Sin Cargo.

Y ya sabes que el liderazgo es un deporte que podemos practicar todos, no solo los altos directivos, los generales del ejército y las cabezas de Estado. Es la bomba, tío. Te puede transformar la vida totalmente. Ojalá más gente conociera nuestro método. Las empresas no solo obtendrían muchos más beneficios, sino que además serían sitios mucho mejores. Y todas las comunidades del mundo mejorarían. Ojalá todos comprendiéramos el poder que tenemos para ser líderes en todo lo que hacemos y para vivir nuestra vida al máximo.

—Pues te aseguro que esa filosofía está teniendo un fuerte impacto en mí, Ty. Ya te he dicho que me siento otra persona. Y sé que, gracias a lo que estoy aprendiendo hoy, me esforzaré por ser un MDM y por comportarme como un PUMM. —Sonreí.

—El chaval lo está pillando, Tom. Me cae bien —dijo Ty con entusiasmo—. Es el poder de las buenas ideas, colega. Lo único que hace falta para dar un salto cualitativo es una buena idea. Una sola idea tiene la capacidad de romper todas las barreras. Una visión inteligente puede motivarte para tomar una decisión que te lleve a una manera revolucionariamente nueva de funcionar. Mi querido Oliver Wendell Holmes lo dijo muy bien: «La mente, una vez expuesta a una idea nueva, no vuelve a retomar sus dimensiones originales».

»Así que escucha bien —prosiguió Ty mientras me ofrecía un grueso bocadillo de pan de cereales y una botella de agua fría—. Mi labor hoy aquí, como parte de tu aprendizaje de la filosofía del Líder Sin Cargo, es entretenerte.

—Y con estas palabras se levantó de un brinco y cogió un esquí que estaba apoyado contra la pared. Fingiendo que era una guitarra, se puso a cantar «Dude Looks Like a Lady», de los Aerosmith, a pleno pulmón. Tommy se echó a reír y, al ver mi cara de pasmo, Ty estalló también en carcajadas. Luego dejó el esquí y chocó los cinco con Tommy. Era evidente que eran buenos amigos y que se respetaban muchísimo.

—Era una broma, Blake. Solo para que nos divirtiéramos un rato. Encuentra la manera de divertirte en todo lo que hagas. Ahora en serio, mi labor hoy no es entretenerte, aunque espero que te lo pases bien durante la hora que estaremos juntos. Sí creo de verdad que sea cual sea nuestro trabajo debemos entretener a nuestros clientes, motivarlos a que hagan negocios con nosotros. Por lo que a mí respecta, cualquier persona que trabaje en los negocios, está en el negocio del espectáculo. Cuando vamos a trabajar es como salir al escenario: tenemos que hacer nuestra representación y deslumbrar al público. A nadie le importa si tienes un mal día, lo que la gente quiere es el espectáculo que ha pagado por ver. Pero mi verdadero objetivo es compartir contigo el segundo principio de la filosofía del liderazgo para que tu líder interior siga desperezándose de su sueño y te lleve a expresar lo mejor de ti mismo más deprisa. Ese principio se puede resumir en seis palabras: las épocas turbulentas crean grandes líderes. Y da la casualidad de que el esquí es una metáfora perfecta para ilustrar ese punto. Por eso estás hoy aquí conmigo.

—Las épocas turbulentas crean grandes líderes. Me

gusta. Es eso de que cuando las cosas se ponen difíciles, hay que entrar en acción.

—Eso es. —Ty se pasó la mano por el pelo—. Mira, yo llevo un negocio. Tú trabajas en un negocio. Es increíble lo que está pasando hoy en el mundo de los negocios. Es un caos. Todo está cambiando. Todo es pura incertidumbre mezclada con una profunda negatividad. Las reglas del juego han cambiado. La competencia es mucho más fiera que antes, los clientes son menos fieles que nunca. La tecnología ha alterado drásticamente la manera de trabajar. Y la globalización ha nivelado el campo de juego, de manera que solo quedarán en pie las organizaciones formadas por personas que sean Líderes Sin Cargo. ¡Es estresante, es desconcertante y da mucho miedo, hermano! —gritó, agitando los brazos teatralmente.

—La verdad es que estoy de acuerdo. En la librería cada vez hay más presión por hacer las cosas más deprisa que nunca. Y cada pocos meses las cosas cambian muchísimo. Los sistemas informáticos cambian constantemente. Y se espera que nos mantengamos en la cresta de la ola y que rindamos cada vez más en el trabajo. Casi siempre me siento agobiado.

—Te entiendo —dijo Ty con aire serio y pensativo—. Y el ritmo de los cambios que están experimentando ahora múltiples industrias no va a aminorar, colega. En todo caso acelerará. Y si te escondes debajo de la mesa esperando que la avalancha del cambio pase, acabarás ahogándote como el pobre diablo al que se le viene encima una avalancha de nieve. Las esperanzas de supervivencia son mínimas.

Aquella gráfica metáfora de cómo enfrentarse a los cambios en los negocios me impactó.

—Si luchas contra ello —prosiguió Ty—, acabarás teniendo problemas, tío. Sería como resistirse a la pendiente en una pista de esquí demencial, de esas que te ponen el corazón en la garganta cuando estás arriba. La única manera de poder llegar al final es mantenerse siempre en la línea de bajada y aprovecharla en lugar de resistirse a ella. La única manera de llegar a salvo es inclinarse hacia la pendiente.

—¿Qué quieres decir? —pregunté; me sentía un tanto perdido ante aquellos términos.

—Que para bajar por las pendientes más peliagudas tienes que hacer justo lo que te parece que deberías evitar.

—¿Y eso es?

—Inclinarte hacia la pendiente que tienes delante en lugar de intentar echarte hacia atrás. Es decir, tienes que acercarte más a lo que más temes en vez de apartarte. Sí, parece lo contrario de lo que dicta el instinto, pero a menos que adoptes esa técnica, tendrás problemas. Lo más seguro es que luego te encuentren congelado en la montaña.

—Esa metáfora puede aplicarse a mi trabajo en la librería, ¿no? Si no aprendo a inclinarme hacia el cambio que se avecina, en lugar de intentar protegerme retirándome a mis antiguos métodos de trabajo, terminaré congelado en la montaña, por así decirlo. Y ahogado bajo esa avalancha de cambios de la que hablabas, ¿no?

—Exacto, colega. Pero cuando te relajas y asumes el miedo que provoca no conocer todas las respuestas y no saber exactamente hacia dónde vas, empiezan a pasar cosas alucinantes. Eso mismo me ha pasado esquiando en las pistas más traicioneras del mundo. Cuando estás ahí, en el filo de la navaja, cuando más miedo tienes, cuando todas las creencias que pretenden limitarte gritan en tu cabeza y crees que no hay salida, que jamás llegarás a la meta, entonces, colega, es cuando más vivo te sientes. Y ahí es donde se produce el mayor crecimiento interior. El miedo que pasas cuando vas hasta el borde de tus límites expande esos límites. Y esa expansión no solo se traduce en un trabajo mucho mejor, sino también en un rendimiento mucho mejor en todas las áreas de tu vida. Si te acercas con constancia a aquello que temes y vences tu natural resistencia, te sentirás mucho más seguro en lo que hagas. Y también te sentirás mucho más fuerte y capacitado. Si eres valiente y aprovechas las oportunidades por mucho miedo que te den, ese miedo se convertirá en impulso y te hará ver la magnitud de tu fuerza. Como dijo Nietzsche: «Lo que no nos mata nos hace más fuertes».

—Son ideas increíbles, Ty. Desde luego, me ayudan mucho en este momento de mi vida. Así que el cambio en realidad es bueno, ¿no?

—Sin duda alguna, colega. Y las condiciones difíciles pueden mejorar tus habilidades, mostrar tus talentos ocultos y elevar tu rendimiento. Mira, cualquier esquiador puede parecer un profesional en las pistas fáciles. Cuando pones de verdad a prueba tu habilidad es esquiando en las más difíciles. Cuando el camino es difícil es cuando se ve lo buena que es tu técnica, lo buen esquiador que eres. Y en los negocios pasa exactamente lo mismo. Cualquiera puede ser una estrella cuando la economía es fuerte, la competencia, débil y los clientes, leales. Los tiempos difíciles son los que de verdad revelan de qué pasta estás hecho y qué clase de líder eres.

Ty dio otro mordisco al bocadillo y masticó con ganas, dejando caer las migas sobre su suéter. Bebió un sorbo de agua y prosiguió con su revelador discurso sobre el liderazgo.

—Aquello a lo que te resistes perdurará, pero aquello a lo que te enfrentas empezará a trascender, Blake. Mira, cuando en una pendiente el terreno cambia de pronto, tú tienes que cambiar de técnica. Si no quieres caerte y hacerte daño, tendrás que adaptarte. No se esquía igual en una pista lisa y sencilla que en una pendiente de nieve en polvo. Y lo mismo se aplica a nuestra manera de trabajar. Las nuevas condiciones requieren técnicas diferentes. Tenemos que adaptarnos.

—Si no quiero caerme y hacerme daño —repetí, totalmente concentrado en la lección que me estaba dando aquel fascinante esquiador profesional.

—Eso es. Y la mejor técnica que se puede aplicar es ser Líder Sin Cargo. Esta sencilla idea es lo que separa a los mejores de aquellos que van cayendo mientras nos dirigimos hacia el futuro. Cualquier organización que forma líderes a todos los niveles se moverá cómodamente a través de los cambios que provocan estos tiempos inciertos. En realidad, cualquier empresa que adopte la filosofía del Líder Sin Cargo descubrirá que esta época difícil es una bendición, en cambio sus competidores se inclinarán al otro lado y acabarán enterrados.

—¿Una bendición?

—Sí. Como te decía, cualquiera puede parecer bueno cuando las condiciones son buenas. Cuando el mundo de los negocios era seguro y predecible, cualquier organización podía obtener beneficios y crecer. Pero ahora estamos en pendientes más complicadas, por así decirlo, en montañas muy abruptas. Solo una técnica muy depurada será efectiva. Y eso es la filosofía del Líder Sin Cargo. Las organizaciones que lo comprendan tendrán mucha menos competencia y muchas más oportunidades de crecimiento en esta época turbulenta. Las empresas formadas por grupos de líderes acelerarán su crecimiento porque acelerarán su ritmo de innovación mientras la competencia se echa para atrás. Invertirán en las personas y crearán mejores equipos mientras sus rivales reducen los presupuestos para formación. Reclutarán a los mejores talentos mientras los demás se dedican a despedir gente. Las compañías más rápidas entienden que las épocas de turbulencia son verdaderos regalos, momentos para adelantarse de tal manera a sus competidores que ya no podrán alcanzarlos jamás.

—Genial.

—Así que para adaptarte a este período que estamos atravesando, te animo a que recibas el cambio con los brazos abiertos, Blake. Da la bienvenida al peligro. Corre algunos riesgos inteligentes y, aunque te dé miedo, ten el valor de concentrar tus mayores habilidades en las mejores oportunidades. Cuanto más te inclines hacia tus miedos y avances hacia los desafíos, más asombrosas serán las recompensas. Cuanto menos evites las cosas que te dan miedo, más liderazgo ejercerás. Y cuanto más te des a tu trabajo y a tu vida en medio de los cambios, más recibirás. En eso la vida es muy justa —afirmó Ty, poniéndose filosófico—. Lo que recibes es directamente proporcional a lo que das. Las dificultades te elevarán a estados maravillosos. Es un magnífico regalo.

Tras una pausa, Ty continuó.

—La idea básica que debes retener de nuestro encuentro es que las épocas turbulentas crean grandes líderes. En el terreno más difícil es donde se muestran los mejores esquiadores. Las condiciones más adversas son el crisol donde se forjan los mejores líderes. Ese es el punto clave de nuestra conversación, colega. Pero salirnos de las pistas en las que estamos acostumbrados a esquiar da mucho miedo, y por lo general uno trata de evitar lo que le da miedo. Y así dejamos pasar una gran oportunidad de sacar a la luz nuestro potencial oculto. Resistirte a lo que te incomoda en el trabajo puede parecer la manera de mantenerte a salvo en estos tiempos de locos, pero a la larga es una maniobra muy peligrosa. Yo llegué a ser un esquiador fantástico porque me apasionaba conquistar las pendientes más traicioneras y las nieves más profundas. Aprendí muy pronto que la única forma de dominar el esquí en terrenos superdifíciles era esquiar regularmente en esos terrenos. Esa voluntad no solo sacó a la luz mi grandeza, sino que además me dio la experiencia que necesitaba para ganar varios campeonatos mundiales.

—Y a las mujeres encantadoras que venían detrás —terció Tommy guiñando un ojo—. Ty tiene algunas anécdotas increíbles, Blake. Desde luego, ha vivido a fondo. Pero eso lo vamos a dejar para otro momento.

—Sí, eso para otro día —dijo Ty—. No quiero abrumar a nuestro joven amigo. Lo que intento hacerte entender, Blake (y siento repetirme, pero un buen entrenamiento requiere la repetición de las leyes del éxito), es que los momentos turbulentos por los que atraviesa el mundo empresarial en realidad nos brindan una oportunidad increíble para que nos convirtamos en líderes notables. Y para crear mejores empresas. Cuando las cosas se ponen complicadas, la gente suele esconderse en su concha. Se retiran a sus búnkers. Evitan cualquier cosa que los aparte siquiera un poco de la zona de seguridad. Y, por desgracia, al hacer eso, evitan también la oportunidad de crecer, de alcanzar la maestría y obtener logros duraderos. Los valientes no huyen, no lo olvides nunca, colega. Los valientes se comen su miedo antes de que el miedo los devore a ellos.

—Los valientes no huyen —repetí, esperando absorber aquella valiosa sentencia.

—Recuerdo una vez que estaba esquiando en Nueva Zelanda, en los Remarkables. Por entonces todavía no era un esquiador profesional, pero sí lo bastante bueno para competir. Con el director de la escuela de esquí, un esquiador de primera llamado Michel, subí a la cima de uno de los picos más altos. Allí, la impresionante belleza que nos envolvía me dejó obnubilado. Se veían los Alpes Meridionales y preciosos lagos que llegaban hasta el horizonte. Nueva Zelanda es así. Pero por otra parte estaba aterrorizado. Sin embargo, sabía que renunciar a aquella montaña sería renunciar a mejorar como esquiador y a alcanzar un grado más elevado de confianza. Porque, como ya te he dicho, cuando te diriges hacia tus límites, tus límites se expanden. Así que, adivina qué hice.

—Te comiste tu miedo y bajaste esquiando —contesté, repitiendo sus palabras para demostrarle que le escuchaba con toda mi atención.

—Exacto. Bajé hasta cero el volumen de la voz del miedo y esquié como nunca había esquiado. Lo di todo. Me incliné hacia abajo, exploté mis habilidades al límite y di lo mejor de mí mismo. Al enfrentarme al desafío que encarnaba aquella cumbre, alcancé una nueva cumbre en mí mismo. Esa mañana conquisté un Everest interior, amigo. Mi nivel de esquiador cambió drásticamente. Mi confianza en mí mismo subió hasta las nubes, así como el respeto que me tenía como persona. Todos tenemos nuestros propios Everests escondidos en nuestro corazón. Y debes consagrarte a escalarlos cada día. Recuerda: jamás sabrás hasta dónde puedes subir si ni siquiera lo intentas. Y no estarás vivo de verdad a menos que corras riesgos y te comas tu miedo —declaró Ty con vehemencia mientras paseaba por la pequeña tienda.

»Los Líderes Sin Cargo saben que las condiciones adversas revelan a la persona. Saben que las circunstancias complicadas, aunque den miedo, son emocionantes. Y tienen muy claro que los tiempos difíciles son la mejor oportunidad para ejercer el liderazgo. Cuanto más extremas son las condiciones, más emocionante es la oportunidad no solo de ver de qué pasta estamos hechos, sino de alcanzar nuestro mayor nivel. Así que en lugar de resistirse a la adversidad, los verdaderos líderes corren hacia ella. Y como trabajan y viven de esta manera, lo que antes los incomodaba ahora hace que se sientan cómodos. Mola, ¿eh? Cuanto más tiempo pases fuera de tu zona de seguridad, más se ampliará esta zona. Y eso significa que cuanto más flexible seas, más normales te parecerán las cosas que antes te daban miedo.

—Esta idea te vendrá muy bien, Blake —terció Tommy.

—Otra cosa que aprendí en las pistas difíciles de esquí es que son como un foco que iluminaba mis defectos. Como he dicho antes, en un terreno fácil cualquiera puede parecer una superestrella, pero cuando entras en las pendientes complicadas asoman tus debilidades. Fallos en la posición, problemas con el equilibrio, o incluso algo como coger mal los bastones son cosas que salen a la luz porque te hallas bajo presión y tu técnica se está poniendo a prueba. Y esa es otra oportunidad porque te permite ver qué debes modificar para ser mejor.

—Lo mismo pasa en las épocas turbulentas en el mundo de los negocios —dije yo—. Los defectos se amplifican bajo presión, ¿no?

—Eso es. A nivel personal, durante las épocas intensas puedes descubrir tus defectos y ser consciente de tus límites. A nivel organizativo, en las épocas de verdadero cambio las compañías pueden aprender qué las limita y de ese modo cambiar de rumbo rápidamente para ser más eficientes, efectivas y rentables. Las empresas inteligentes comprenden que las condiciones difíciles ofrecen una asesoría gratis que las llevará a ser más rápidas y mejores.

—Esa es una manera genial de ver las cosas, Ty. Entonces, en el fondo lo que estás sugiriendo es que aprenda a estar cómodo en la incomodidad, ¿no? Y que me incline hacia el caos que ahora impera y no retroceda y me aferre a mi antigua manera de pensar y comportarme, que no actúe como un esquiador asustado que intenta echarse atrás en una pendiente.

—Pero solo si quieres de verdad crecer y ser mucho más efectivo como líder y como persona. Las mismas cosas que te dan miedo son los umbrales para alcanzar tu mejor liderazgo. Una de las prácticas diarias de los mejores líderes es ejercitarse en traspasar sus límites, en obligarse a enfrentarse a ellos. El caso es que no puede haber crecimiento ni progreso sin esa sensación de nervios en el estómago y de incomodidad en todo tu cuerpo. En general, la sociedad nos enseña desde muy temprana edad que sentirnos incómodos es algo malo que debemos evitar a toda costa. Así que nos quedamos siempre en nuestro pequeño reducto. No nos aventuramos más allá de nuestras rutinas habituales y las actividades con las que nos sentimos seguros. Pero si nos aferramos al puerto seguro de lo conocido, no viviremos ninguna aventura. Jamás conquistaremos nuevos territorios. Jamás alcanzaremos nuestra cumbre.

—Para luego lanzarnos por la pendiente —concluí con una sonrisa.

—Para luego lanzarnos, colega —repitió Ty—. Mi padre murió así, ¿sabes? Se pasó la vida trabajando doce horas diarias en la misma fábrica. Todas las noches, para mitigar el dolor emocional de una vida vivida a medias, ahogaba sus penas en alcohol. Yo sabía que en el fondo era un buen hombre, que de verdad deseaba lo mejor para nosotros. Pero era incapaz de salir de su propia inercia. Jamás llegó a vislumbrar siquiera el líder que podía haber sido. Así que siguió trabajando y viviendo siempre igual. Sin esforzarse a ir más allá, sin aventurarse, sin expandirse. Murió con solo sesenta y dos años. Calladamente, sin que nadie se diera apenas cuenta. Fue como si toda su vida no hubiera importado, como si hubiera vivido para nada. Y todo porque tenía demasiado temor para conquistar sus miedos y correr hacia lo que le incomodaba. Todo porque no se atrevió a salir de su zona de seguridad. Todo porque permitió que la voz de la duda aplacara lo mejor que había en él. El filósofo Séneca lo dijo muy bien: «No es que nos acobardemos porque las cosas sean difíciles, es que las cosas son difíciles porque nos acobardamos». Yo pienso un montón en mi padre. No pasa un solo día sin que me acuerde de él, y sin que me prometa a mí mismo que jamás seré como él.

—Siento mucho lo de tu padre —susurré.

—No lo sientas, colega. Mi infancia difícil me hizo más fuerte. Y el ejemplo de mi padre actuó como una fábula que me enseñó lo que no debía hacer. Así que, mira, fue otro regalo. Me enseñó la diferencia entre respirar y vivir de verdad, me mostró lo importantísimo que es elegir el crecimiento por encima de la autocomplacencia, por más que la autocomplacencia sea más placentera a corto plazo.

En fin, yo te pediría que recordaras la idea de que cuanto más tiempo pases en tu zona de incomodidad, más se expandirá tu zona de seguridad. Eso te ayudará mucho en tu trabajo en la librería. A ver, cruza los brazos —me pidió.

Yo lo hice.

—¿Cómo te sientes, así, con los brazos cruzados?

—No sé. Normal, supongo. Siempre me cruzo así de brazos. No sé adónde quieres llegar —confesé.

—No te preocupes, enseguida lo vas a ver. Ahora cruza los brazos al revés de como lo haces siempre.

Me costó un poco poner el brazo derecho sobre el izquierdo. No los había cruzado así en la vida y la sensación era muy extraña.

—Qué raro —comenté.

Tommy me miraba divertido.

—Claro que es raro, Blake —dijo Ty—. Cada vez que intentes algo nuevo, te resultará raro. La mayoría te dirá que eso es porque estás cometiendo algún error. La mentalidad de la masa dirá que si algo te resulta incómodo debes volver a lo que te parecía natural. Pero lo que yo quiero que recuerdes es que cada vez que corras hacia el cambio y el crecimiento, te sentirás raro. Y esa es una buena señal porque significa que estás dejando tu zona de seguridad. Se están creando nuevos patrones de pensamiento y de conducta. Se están instalando nuevas formas de conocimiento. Tus fronteras personales se están expandiendo. Es algo perfecto, aunque parezca raro.

—Entonces, ¿lo raro es bueno? —pregunté riéndome.

—¡Por supuesto que sí! Si no notas esa incomodidad es

que no estás cambiando. No estás creciendo. Y básicamente estás perdiendo el tiempo. Yo permanecí con los brazos cruzados al revés. Aquello era cada vez más interesante.

—¿Sabías que todo tu pasado, incluidas las dificultades, ha sido una preparación necesaria para llevarte hasta el punto desde el que por fin estás listo para dar el salto hacia el líder que verdaderamente eres? Todo lo que te ha pasado ha sido fantástico, tío —declaró Ty con seguridad.

—Empiezo a entenderlo.

Volví a pensar en Irak. Nadie había conseguido nunca nada de valor escondiéndose en un búnker. Y nadie se convertía en héroe por haber huido de una circunstancia difícil. Como unidad, solo vencíamos cuando en el calor de la batalla ejecutábamos de manera impecable nuestro plan estratégico, ajenos a la amenaza del peligro. El hecho es que cuanto mayores eran los riesgos, mayores eran también las recompensas. Y eso era justamente lo que Ty acababa de explicarme. Los tiempos difíciles solo parecen difíciles. En realidad nos están haciendo un gran servicio. Nos hacen más duros. Nos conectan con nuestro potencial dormido. Nos incomodan, sí, nos confunden y nos asustan. Pero la verdad es que las condiciones en las que el desafío es mayor son las que nos llevan a nuestro mayor crecimiento. Y a alcanzar los mayores logros.

Ty parecía haberme leído la mente.

—Los grandes líderes —dijo— saben que todo aquello que te ayude a expandirte y a crecer como persona es algo bueno. Y en estos tiempos inciertos, la única táctica de supervivencia que te ayudará es crecer y desarrollar tu liderazgo. Por otra parte, debo decir que con frecuencia las cosas deben derrumbarse para poder reconstruirlas de una manera mucho mejor. No se puede lograr un gran avance sin antes pasar por un período de crisis. Da miedo porque en el paso entre lo que somos y lo que podemos llegar a ser, y de nuestra antigua forma de trabajar a un nuevo método de trabajo, nos encontramos durante un tiempo en la nieve incierta de lo desconocido. Y en el terreno salvaje de lo desconocido resurgen nuestras creencias restrictivas y nuestros mayores miedos. Nos topamos con nuestras inseguridades, nos encontramos frente a frente con nuestras dudas. Lo principal en este período es recordar que, en cualquier momento en que nos acerquemos al crecimiento y al cambio, los miedos saldrán a la superficie. Forma parte del proceso de desarrollar nuevas habilidades y despertar más nuestro potencial natural de liderazgo. Abandonamos nuestros antiguos métodos para adoptar uno nuevo. Los cimientos que nos sostenían se están desmoronando, y eso siempre es incómodo. Pero no pasa nada. Es preciso que los viejos cimientos y las estructuras tradicionales caigan para poder construir otras mejores. Así es como opera el cambio. De la confusión siempre surge la claridad. Del caos siempre surge el orden. Y si persistes sin miedo en el proceso de cambio, llegarás a un nuevo orden mucho mejor que el que existía antes de que comenzara el período de transición.

—O sea que las crisis llevan a grandes avances —repetí.

—Eso es. No te des por vencido. No rehúyas la incomodidad, corre cada vez más riesgos inteligentes y tus miedos comenzarán a desvanecerse. Haz todos los días aquello que te asusta, y transformarás tu miedo en fuerza. Así es como uno adquiere seguridad y se hace invencible. Busca el riesgo. Da la bienvenida al cambio. Lánzate a por tus mejores oportunidades. Y cada vez que lo hagas, alimentarás tu líder interior. Y pronto te encontrarás en un estado en el que todo es posible. Volviendo a mi metáfora, aunque estar en la cima de la montaña, al borde del precipicio, es aterrador, en realidad hoy en día es el lugar más seguro donde puede estar cualquiera que trabaje en el mundo de los negocios. En la cima no es fácil aceptar el cambio si te sientes desequilibrado, no es fácil abandonar tu manera de hacer las cosas. Pero ese es el único lugar donde están los líderes. Es también un lugar de intensa libertad. Ah, y tienes que saber que todos los miedos que acompañan tu progreso como líder y como persona no son más que las mentiras que te has contado a ti mismo. ¡Deja de invertir en ellas! La vida es demasiado grande para conformarse con poco.

—Me encanta eso que has dicho. Me motiva un montón estar aquí, en tu tienda, escuchándote.

—A mí también —apuntó Tommy, entusiasmado—. Desde luego, mejoras con los años, Ty.

Ty soltó una risita y volvió a insistir en que las épocas turbulentas crean mejores líderes.

—Mira, Blake, una parte esencial del método del Líder Sin Cargo es comenzar a hacer cosas que antes te daba miedo hacer. El miedo no te lleva a ninguna parte. La gente afortunada no ha tenido suerte. La gente afortunada se ha creado su propia suerte. Y lo hace asumiendo riesgos y aprovechando oportunidades. Si quieres convertirte en un gran esquiador, será una estupidez que te quedes en las pistas de principiantes. Tienes que pasar a pistas más difíciles. Y sí, al principio te dará mucho miedo.

—Pero eso forma parte del proceso de crecimiento, ¿no?

—Exacto. Sin incomodidad no hay crecimiento. Por eso digo que las pendientes más altas son las más seguras.

—¿Eso es verdad? —pregunté, dudoso.

—Desde luego, porque mantenerse en terreno fácil es la mejor manera de acabar fracasando como esquiador. Jamás mejorarás. Intentarás estar cómodo y seguro en las pistas de principiantes y acabarás hundido en la mediocridad. Si tu objetivo es realizar todo tu potencial, esas pistas fáciles son las menos seguras.

—Y lo mismo pasa con el liderazgo en el trabajo, ¿verdad? Si me niego a dar la bienvenida al cambio y a aprovechar las oportunidades de funcionar mejor, simplemente porque quiero mantenerme a salvo en mi zona de seguridad, en realidad me estoy poniendo en una situación muy peligrosa que al final solo me llevará al fracaso en mi carrera.

—De hecho, en estos momentos tan agitados en el mundo de los negocios, ese comportamiento seguramente conduciría al despido. Así que tienes razón: lo más peligroso que puedes hacer ahora es negarte a cambiar y crecer —advirtió Ty.

—Impresiona saber que embarcarse en cambios profundos bajo las condiciones más difíciles es lo más seguro que se puede hacer. Es una auténtica paradoja —comenté antes de dar otro mordisco al bocadillo.

—Es la paradoja del cambio, colega. Casi todas las empresas y sus empleados evitan enfrentarse al cambio. Esconden la cabeza como los avestruces a la espera de que el cambio simplemente desaparezca. Fingen que si se aferran a su manera habitual de trabajar todo irá bien. Pero no es así. Lo normal ha desaparecido. Lo inusual es la nueva normalidad. Y la complacencia es el enemigo principal de la victoria. Lo más seguro, lo más inteligente, es hallarse al borde del precipicio, amar los cambios, utilizarlos en tu provecho para crecer como líder. A mí me encanta bajar por las pistas más difíciles, colega. Es cuando me siento más vivo. Me recuerda lo que el gran funámbulo Kark Wallenda dijo una vez: «La vida se vive en la cuerda floja. Lo demás no es más que una espera». Si cuando estamos más vivos es cuando nos hallamos al borde del precipicio, ¿por qué evitarlo?

—Sí, tiene lógica.

—Como dijo el piloto de carreras Mario Andretti: «Si todo está bajo control es que vas demasiado despacio». Y debo repetir una cosa muy importante: las cosas tienen que desmoronarse para poder reconstruirlas. El cambio profundo es una especie de purificación. Es posible que destroce los cimientos sobre los que se alza tu manera de pensar y de actuar, pero tal vez esos viejos cimientos tenían que desmoronarse y dejar sitio a unos mejores. El proceso de transición entre el derribo de las viejas estructuras y la construcción de las nuevas es una época estresante e incierta. Podría ser como la metamorfosis de la oruga en mariposa. Parece un caos, pero algo más bello se está creando. «Lo que la oruga llama el fin del mundo, el maestro lo llama mariposa», dijo el novelista Richard Bach. La crisis suele ser el comienzo de una auténtica mejora. Hay que quitar lo viejo para que lo nuevo y mejor pueda llegar.

Pensé en mi abuelo. Una vez, cuando yo era pequeño, me dijo que de joven le encantaba jugar con las mariposas. Un día vio a una oruga saliendo del capullo. Por lo visto tenía problemas y no hacía ningún progreso, de manera que él quiso ayudar y cortó el capullo con su navaja. Pero en lugar de salir transformada en una bonita mariposa, la oruga murió al momento. Mi abuelo me explicó que más tarde aprendió que la oruga necesitaba la experiencia de la lucha por salir del capullo para convertirse en mariposa. Al impedir esa lucha, él había negado a la oruga la posibilidad de volar. Después de oír a Ty, pensé que las épocas turbulentas y los períodos de lucha en los negocios son en realidad una oportunidad para desarrollar las alas y para expresar lo mejor que llevamos dentro.

—Recuerdo que cuando era monitor de esquí en la montaña —continuó Ty— tenía un grupo de esquiadores que ya eran bastante buenos. Yo les pedía que hicieran unos ejercicios para que esquiaran todavía mejor, les enseñaba unos cuantos conceptos nuevos y varias técnicas avanzadas. Bien, ¿sabes qué pasaba después de la clase?

—Pues que habían mejorado —contesté.

—No. Esquiaban peor.

—¡Venga ya! ¿De verdad?

—Sí. Pero solo durante un breve período, hasta que asimilaban todo lo que habían aprendido. Verás, Blake, parte del proceso de cambio y crecimiento consiste en olvidar lo que sabes para poder reconstruirlo de una forma mejor. Y el esquí es una metáfora muy apropiada. Mis alumnos aprendían habilidades magníficas, pero estas alteraban su manera de esquiar anterior. Para alcanzar el siguiente nivel, tenían que pensar y actuar de otra manera, e inevitablemente pasaban un período de transición que era muy confuso.

—La crisis —apunté.

—Exacto. Su técnica se desmoronaba. A ellos les parecía algo terrible, y algunos alumnos se exasperaban. Pero debían tener paciencia con el proceso de cambio, y persistir en él, por más ganas que tuvieran de rendirse y volver a su antigua manera de pensar y esquiar. Y si perseveraban, era increíble ver lo mucho que mejoraban.

—Entonces, el proceso de cambio es caótico, pero si tenemos paciencia y persistimos daremos ese salto cualitativo que ansiamos, ¿no?

—Sí. El cambio siempre es confuso mientras ocurre. Puede parecer que nada funciona, que no se avanza. Pero si te consagras de verdad a aprender y a mejorar, te estarás acercando al gran salto cualitativo que ansías. Para dominar el cambio lo más importante es ser constante y tener paciencia. A medida que mis alumnos practicaban lo que les había enseñado y dedicaban tiempo a asimilar las instrucciones, siempre llegaban a ver increíbles mejoras en su técnica. Siempre acababan siendo mucho mejores que cuando llegaron.

—Nunca había pensado que el cambio fuera bueno para las personas y las organizaciones en general, ya sean empresas, colegios, comunidades o incluso naciones —comenté.

—Eso solo ocurre si decides permitir que sea bueno —advirtió Ty—. Siempre es una cuestión de elección. Puedes considerarte una víctima y sentir que el cambio es algo que estás sufriendo a tu pesar, es decir, una fuerza externa sobre la que no tienes ningún control.

—O puedo utilizar mi poder natural y actuar como un Líder Sin Cargo —le interrumpí.

—Eso es, colega. Puedes pasar de víctima a líder, y esa decisión marca la diferencia fundamental. Entonces llegarás a ese estado mental en el que aceptarás los cambios y los trastornos y los aprovecharás en tu favor. Los utilizarás para promover tu capacidad de liderazgo. Los explotarás para construir una empresa mejor independientemente de si tienes o no la autoridad formal que te da un cargo. Aprovecharás los cambios para que te ayuden a expresar lo mejor de ti mismo, para crecer y convertirte en una persona mejor y más feliz.

—Es una manera genial de verlo, Ty.

—Los problemas solo son problemas cuando los convertimos en problemas. Las víctimas se quejan diciendo: «¿Por qué a mí?». Pero los líderes gritan: «¡Depende de mí!». —comentó Ty con una sonrisa—. Y entonces aprovechan unas oportunidades soberbias para dedicarse a obtener resultados excepcionales. «Este tiempo, como todos los tiempos, es un buen momento si sabemos qué hacer con él», observó Ralph Waldo Emerson. —Ty hizo una pausa y luego exclamó de pronto—: ¡Casi se me olvida! Tengo que enseñarte mis cinco reglas. Se trata de cinco cosas que hacer, empezando desde ya, para practicar la lección Las épocas turbulentas crean grandes líderes. Como ya sabes, Blake, este es el segundo de los cuatro principios que conforman la filosofía del Líder Sin Cargo. Tengo un acrónimo para ti.

—Cómo os gustan los acrónimos... —comenté con afecto.

—Sí, nos encantan, tío. Pero es que hay una razón: los acrónimos se te quedan en la cabeza como las canciones pegadizas. Los nuestros conseguirán que retengas las cinco reglas prácticas que cada uno de nosotros te vamos a enseñar.

—Perfecto. ¿Y cuál es el tuyo, Ty?

—SPARK, es decir, «chispa». El Líder Sin Cargo es una luz en un mundo oscuro y turbulento. Todo es muy negativo en estos tiempos de transición vertiginosa. Todo el mundo está muy preocupado, todos andan aterrados sin saber lo que les deparará el futuro. Lo que el mundo empresarial necesita ahora mismo son más personas que sean auténticos focos de luz, que muestren a los demás un camino claro y esperanzado, que sean verdaderas chispas en lo que hacen.

—Me encanta tu acrónimo.

—Y a mí me encanta que te encante, colega. Vamos a ello. La S de SPARK significa Sinceridad. El Líder Sin Cargo debe ser un comunicador claro y absolutamente sincero que sepa inspirar a los demás. En estos tiempos tormentosos tendemos a evitar la sinceridad, a hablar con vagas generalidades que no significan nada pero que preservan el statu quo, y sobre todo a hablar con la intención de proteger el propio terreno. El problema es que esta clase de comunicación genera desconfianza. La gente que te rodea prefiere oír la verdad en vez de una cháchara vacua que evita enfrentarse a la realidad. Voy a preguntarte una cosa, ¿cómo se pueden aprovechar las oportunidades que ofrecen los grandes cambios sin hablar claramente de lo que ya no funciona, sin establecer hacia dónde hay que dirigirse como equipo, sin marcar la dirección en la que hay que moverse como empresa?

—No se puede —contesté.

—Exacto. Esa clase de comunicación no permite ningún liderazgo en absoluto. En los negocios, en este momento, la gente quiere rodearse de personas que digan las cosas como son, gente sincera, directa y absolutamente honesta. Decir la verdad y nada más que la verdad genera confianza y respeto. Tus clientes sabrán que no les mientes. Tus compañeros sabrán que no estás mareando la perdiz. Y tú sabrás que te estás comportando con integridad y coraje. Esa clase de comunicación valiente es muy poco común hoy en día, pero en medio de tanta inseguridad la gente quiere saber a qué atenerse y aprecia a quien tiene el valor necesario para decir la verdad, por difícil que sea. Un Líder Sin Cargo es el que mantiene las conversaciones difíciles que otras personas más débiles rehúyen. Siempre se comunica de manera absolutamente directa y real. Es siempre el primero en decir la verdad, aun cuando le tiemble la voz y le suden las manos.

—Se inclina hacia las condiciones difíciles como el esquiador hacia la pendiente —dije, utilizando la metáfora de Ty.

—Este chico me gusta, Tommy —dijo Ty—. Y otra cosa, el hecho de que a la persona a la que tienes que hablar con claridad no le guste lo que está oyendo, o tal vez ni siquiera te entienda, no es excusa para no expresarte con sinceridad. Para ejercer liderazgo debes preferir la sinceridad a la aprobación de los demás.

Ty miró a Tommy; estaba pálido de nuevo. Parecía que le costaba respirar y de pronto empezó a toser. Aquello me preocupó. Era la segunda vez en cuestión de horas que mi mentor parecía indispuesto. En nuestro primer encuentro, en la librería, Tommy irradiaba vitalidad a pesar de su avanzada edad. En el cementerio, muy temprano esa misma mañana, estaba de un humor inmejorable y se le veía rebosante de salud. Pero en ese momento, en la tienda de esquí de Ty Boyd, tenía un aspecto frágil y enfermo.

—¿Estás bien, Tommy? —pregunté.

—La verdad es que no sé muy bien qué me pasa, Blake —admitió, vacilante.

Ty también parecía preocupado.

—Podemos dejarlo aquí si quieres, Tommy.

—No. Muchas gracias, de verdad. Os agradezco que penséis en mí, pero estoy bien. Quiero que Blake aprenda todo lo que necesita aprender hoy. Estoy convencido de que hará cosas espectaculares con la filosofía del Líder Sin

Cargo y que dará a conocer nuestro método a todo el que tenga que oírlo, tanto en los negocios como en la sociedad. Me lo ha prometido, así que es muy importante que sigamos.

—Soy hombre de palabra, Tommy —afirmé—. En el ejército aprendí la importancia del compromiso y haré honor a nuestro pacto.

—Ya lo sé, amigo. Por favor, asegúrate de que la filosofía del Líder Sin Cargo llega a tantas personas como sea posible. Así no solo despertarán su líder interno, sino que a su vez inspirarán a otros a hacer lo mismo. Sigamos, yo estoy bien.

Ty asintió.

—De acuerdo. Una organización en la que todo el mundo tiene miedo a hablar con sinceridad es un lugar donde la gente vive en el engaño y la fantasía. Como te decía antes, ¿cómo se puede crear una gran empresa si nadie señala sinceramente lo que hay que mejorar? Sobre todo en tiempos difíciles es esencial no solo comunicar de una manera impecable, sino hablar más que lo estrictamente necesario con los accionistas, los compañeros, los proveedores, los clientes. Y escuchar con mucha atención cómo se sienten ellos. Así se evita desde el principio que se extiendan los rumores y las habladurías. De esta manera la relaciones no se adulteran, los problemas no se infectan, los malentendidos no crecen. Y la gente nota que de verdad te preocupas por ella y sus problemas. Por cierto, la importancia del cara a cara está muy relacionada con esto.

—¿El cara a cara? —pregunté.

—Sí. Si puedes hablar con alguien en persona, no le mandes un email. Sal de tu área de trabajo y habla con tus compañeros si tienes que discutir cualquier cosa o sencillamente conectar de nuevo. Queda para comer o por lo menos para pasar un rato con tus clientes siempre que puedas. No te escondas detrás de la tecnología cuando la situación requiera un toque personal. Y lo último que diré sobre la comunicación y la sinceridad es que si algo es importante para alguien que te importa, ese algo debería ser importante también para ti.

—Me gusta esa idea, Ty. Si algo es importante para alguien que me importa, ese algo debería ser importante también para mí.

—Es una gran premisa, colega. A mí me ha ayudado muchísimo en esta tienda. Algunos clientes vienen aquí desde hace veinte años. Y están dispuestos a conducir durante una hora solo para venir a la tienda. Así es la lealtad. En fin, supongo que lo que en realidad quiero decir es que en momentos como estos toda comunicación es poca. Y que una de las tareas más importantes de un Líder Sin Cargo en una organización asustada es dar información precisa, esperanza en abundancia y una visión positiva de un futuro mejor. En realidad, eso forma parte del trabajo por el que te pagan.

—A veces pienso que si soy demasiado sincero con mis compañeros en la librería se ofenderán... —comenté, meditando sobre las enseñanzas de Ty.

—Una cosa es ser sincero y otra ser grosero, Blake. Utiliza el sentido común. Y recuerda: puedes decir lo que quieras siempre que lo digas con respeto.

—Otra buena frase —reconocí.

—Es una regla que se traduce en excelentes resultados en el lugar de trabajo —terció Tommy, que parecía sentirse mejor y estaba hojeando una revista de esquí.

—Es verdad —prosiguió Ty—. Puedes hablar con sinceridad y expresar todo lo que de verdad tengas que decir a alguien si lo haces de una forma respetuosa que no hiera a tu interlocutor en su amor propio. Eso es muy importante. Las palabras a veces duelen, colega. Cuando nos dicen algo que nos hace daño, veinte años después todavía lo recordamos. Solemos olvidarnos de que las palabras tienen mucho poder. Hablamos con dureza y herimos a los que nos rodean. Escribimos palabras hirientes e insultantes. Sin embargo, la actitud de los mejores líderes es muy diferente. En toda comunicación recuerdan a su interlocutor sus virtudes. Inspiran a los demás para que sean mejores. Los buenos líderes utilizan palabras positivas, palabras de apoyo y de aliento que animan a los demás a actuar. Fíjate en líderes como John F. Kennedy, Gandhi, Mandela y Martin Luther King Jr, y en lo que fueron capaces de lograr con el mero poder de su palabra.

—Nunca se me había ocurrido pensar que las palabras tuvieran poder.

—Lo tienen. Tus palabras pueden mostrar a los demás posibilidades que no conocían. Con tus palabras puedes lograr que los demás se sientan mejor consigo mismos. Puedes conseguir que rompan sus limitaciones y rindan de forma excelente en los días más estresantes. Mira, Blake, si alguien está cometiendo muchos errores, la manera usual de hacérselo saber es decir algo como: «No estás haciendo un buen trabajo, más vale que la cosa mejore». Pero esa clase de declaraciones desanima a la gente. Sé sincero y claro. Sé un líder fuerte. ¿Por qué no dices: «Sé que estás esforzándote mucho y me gustaría comentarte cómo podrías mejorar tu rendimiento»? La mayoría de la gente habla de una forma muy negativa. Cae en la trampa de pensar que para obtener resultados es preciso hablar con dureza. Pero se consigue mucho más con palabras de ánimo. Di lo que tengas que decir, pero utiliza palabras de ánimo. Se trata de saber expresarse, algo que los grandes comunicadores entienden muy bien. Por otro lado, tus propias palabras también tienen un efecto en ti mismo.

—¿Sí?

—Sin duda. Las palabras que pronuncias determinan tu estado de ánimo. Si a una situación complicada la llamas «desastre», estás generando en ti mismo una respuesta emocional muy distinta de si calificases la situación de «interesante» o «un trampolín para mejorar». El lenguaje que utilizamos nos afecta, determina si responderemos a un contratiempo de manera optimista o apática. Y ten en cuenta que tus palabras no son más que tus pensamientos expresados en voz alta. Tu lenguaje está íntimamente ligado a tus creencias.

—Y mis creencias rigen mi comportamiento, que a su vez es lo que produce todos mis resultados —apunté yo.

—Eso es. Los Líderes Sin Cargo utilizan el lenguaje de

manera impecable. No cotillean, no se quejan, no condenan. Y jamás emplean palabras malsonantes. Todos los días se esfuerzan por utilizar palabras que inspiren, que animen y que eleven el espíritu.

—No solo el de los demás, también el de ellos mismos.

—Exacto —confirmó Ty—. Así que elige cada una de tus palabras. Te sorprenderá comprobar hasta qué punto, refinando tu «vocabulario de liderazgo», mejorarán tus niveles de energía, tu ansia de excelencia, el ritmo de innovación y todo tu comportamiento. Las palabras que salgan de tu boca determinarán también el lenguaje que utilizará la gente que te rodea, porque influirás en los demás con tu ejemplo. Las palabras son virales. Por lo tanto, al emplear el lenguaje de liderazgo mejorará todo el entorno de tu empresa. Además, de esta manera reforzarás el tema del que hables. Si, por ejemplo, te dedicas a gruñir y quejarte del estrés y los cambios que estás experimentando en el trabajo, tu sensación de estrés aumentará. Aquello en lo que fijamos nuestra atención tiende a crecer. Allí donde van tus palabras, tu energía fluye. Hablar de algo lo amplifica dentro de ti porque le estás dedicando tu atención y tu energía. Como dijo William James, el padre de la psicología moderna: «Nuestra experiencia es aquello a lo que prestamos atención». Reflexiona sobre esa frase, colega. Es increíblemente valiosa. Si hablas mal de un compañero, estarás fortaleciendo en tu mente esos puntos negativos. Si te quejas constantemente de lo que va mal en tu carrera o en tu vida personal, cada vez verás más esas cosas que quieres evitar. Las palabras tienen mucho poder.

—O sea que el liderazgo consiste también en desarrollar un vocabulario de líder —concluí yo.

—Así es, tenlo claro, Blake. Utilizar un buen lenguaje debería ser tu principal objetivo. Y eso me lleva a la P de SPARK. Es la P de Priorizar. Con las turbulencias que sacuden hoy en día el mundo empresarial es muy fácil que una persona se aparte de su misión, su meta, sus valores y objetivos. Cuando parece que las cosas se vienen abajo, es fácil dejarse seducir por la distracción. Pero los Líderes Sin Cargo no pierden nunca el norte. Se mantienen siempre centrados en lo que de verdad importa. Tienen la disciplina necesaria para permanecer firmes en sus valores. Y trabajan y viven según una idea muy sencilla: céntrate en lo mejor y olvídate del resto. Este mantra es uno de los principales secretos de los increíbles resultados que consiguen. Otra forma de plantearlo sería decir que el liderazgo consiste en saber muy poco de casi todo y muchísimo de unos pocos temas. Pero en esos temas en los que los líderes eligen centrarse, son verdaderos expertos. Centrarse, centrarse, centrarse. Como una obsesión.

—Pero ¿la obsesión no es algo insano? —pregunté.

—No si se trata de una obsesión sana. Desarrollar el ardiente deseo de realizar un gran trabajo porque te servirá como vehículo para expresar lo mejor que hay en ti es algo perfectamente saludable. Hacerse adicto a la misión de crear una organización excepcional que ofrezca productos y servicios extraordinarios a otros seres humanos es algo maravilloso. Sentir el intenso deseo de convertir tus miedos en impulso y tu debilidad en fuerza es algo tremendamente positivo. Así que no, centrarse obsesivamente en las cosas que más te importan no es insano. En realidad es la manera de salir vencedor en este mundo en el que hay demasiadas opciones y demasiada información.

—La verdad es que yo en el trabajo estoy muy descentrado —confesé—. Soy incapaz de concentrarme en una sola cosa durante mucho tiempo. Entre las llamadas de teléfono, los e-mails y las constantes interrupciones, casi todos los días tengo la sensación de que he estado muy ocupado pero que en realidad no he hecho nada útil. Y esa sensación me abruma.

—Pero es que aunque pasaras de estar ocupado a «hacer cosas útiles», debes tener presente que hacer cosas no es lo mismo que hacer grandes cosas. Son muchos los que están muy ocupados en estar ocupados en estos tiempos inciertos y turbulentos. Muchos de los que se pasan el día corriendo cada vez más rápido para en realidad conseguir menos. Aquí tienes una idea en la que deberíamos pensar constantemente: estamos en el proceso de pasar de la complejidad caótica a la simplicidad elegante. En estos tiempos caóticos es fácil no concentrarse y ser personas ocupadísimas que hacen cosas en lugar de personas productivas que crean pequeños resultados inteligentes. Pero ¿por qué empleamos tanto tiempo en objetivos inútiles? No tiene sentido que te pases los días escalando montañas y que al final te des cuenta de que no has subido a la montaña adecuada. Es un verdadero desperdicio de los tres recursos más valiosos de tu liderazgo: tu tiempo, tu talento y, sobre todo, tu energía. Hoy en día, en los negocios, la energía personal es el recurso más valioso. Puedes ser un genio, tener un sinfín de magníficas oportunidades y un plan para aprovecharlas. Pero si no tienes energía todos los días, al final no habrá ningún resultado. Nunca como en estos tiempos cambiantes ha sido tan fácil descentrarse, pasarse los días haciendo cosas inútiles, perderse en los detalles. Y eso acaba con nuestra energía. Es mucho más inteligente ser productivo y concentrarse en resultados auténticos.

—Sí, tiene mucha lógica.

—Los mejores líderes se centran en las tareas realmente imprescindibles. Están decididos a dedicar una concentración casi marcial a las mejores oportunidades y se niegan a que ninguna otra cosa los desvíe. Tienen la disciplina necesaria para seguir invariablemente su curso y decir no a todo lo demás. Debes conocer cuáles son tus prioridades y hacerte con la disciplina y la inteligencia que te ayudará a prescindir de todo lo demás. Ya sé que diciendo esto parezco un alto ejecutivo, pero no soy más que un tío normal y corriente. Lo que pasa es que leo mucho y me encanta el gran juego de los negocios. Se parece mucho a los deportes. Es de lo más emocionante. En fin, lo que te estoy diciendo, Blake, es que tienes que pasar de la complejidad a la simplicidad eliminando de tu jornada todas las actividades que no sean primordiales, de esa forma podrás centrarte de una manera objetiva en las actividades que sí lo sean.

—Unas ideas muy sabias —comenté.

—Además de un montón de libros sobre negocios, he leído unas cuantas biografías. Me encanta meterme en la mente de los grandes personajes de la Historia. Me he dado cuenta de que el liderazgo y el éxito son como un código secreto que casi nadie conoce. Todos los grandes hombres realizan las mismas prácticas, y yo consigo sus mismos resultados imitándolos.

—Has descifrado el código —dije tras beber un poco de agua.

—Exacto. Recuerdo que una vez leí un libro sobre Miguel Ángel, el gran escultor. Tenía una técnica genial para realizar sus obras maestras. Primero veía en el bloque de mármol la versión perfecta de la escultura que había imaginado, y luego quitaba toda la piedra sobrante. Esa es la misma idea que debes aplicar en tu trabajo como Líder Sin Cargo. Ve quitando todo lo que sea trivial y así llegarás al núcleo de las cosas. Utiliza cada minuto de tu tiempo para hacer solo aquello que te acercará al punto adonde quieres llegar. Haz menos cosas pero mejores, Blake. Porque el que intenta conseguirlo todo, al final no consigue nada. Céntrate. Céntrate. Céntrate. Céntrate —repitió con énfasis.

Y luego se apresuró a añadir:

—Te recomiendo que recuerdes la regla del 80/20: el ochenta por ciento de tus resultados provienen del veinte por ciento de tus actividades. Debes conocer perfectamente, con precisión, esas pocas y preciosas prácticas que generarán la inmensa mayoría de tus resultados. Y luego debes convertirte en un experto en esas pocas tareas. Economiza al máximo tus acciones y los resultados serán excepcionales. Los Líderes Sin Cargo jamás se apartan de sus Vitales Básicos.

—¿Las Vitales Básicas? —pregunté, aquel concepto era nuevo para mí.

—Tus Vitales Básicas son las pocas actividades primordiales que tienen el poder de llevarte a tu propia cima del liderazgo en tu trabajo —explicó Ty.

—Y en tu vida —añadió Tommy—. Las dos cosas están íntimamente ligadas. Como dijo Gandhi: «Un hombre no puede actuar con acierto en un nivel de su vida si está ocupado actuando desacertadamente en otro. La vida es un todo indivisible». Tu vida personal influirá siempre en tu vida laboral y viceversa.

—Tommy tiene razón, Blake. Al final de esta jornada habrás aprendido algunas ideas muy poderosas sobre el equilibrio de la vida, pero de momento te animo a que concentres toda tu atención en esas pocas acciones que te acercarán a tus prioridades más esenciales. Si trabajas de esa manera, tus días de estrés y complejidad se convertirán en horas de máxima productividad y simplicidad. Y por increíble que parezca, haciendo menos cosas pero haciéndolas mejor, verás que al final tienes mucho más tiempo.

Ty dio un mordisco al bocadillo y prosiguió.

—Para ser prácticos, te propondré un plan. Todas las mañanas, antes de salir de casa, tómate un tiempo de tranquilidad solo para ti. Y durante ese tiempo, reflexiona. A veces es preciso aminorar la velocidad para luego poder ir más deprisa. Pensar en silencio mientras el resto del mundo duerme es una excelente disciplina para lograr un rendimiento excepcional. La reflexión crea claridad de pensamiento. Y cuanto más claro tengas cuáles son tus mejores oportunidades y tus actos más eficientes, más deprisa llegarás a la cima de tus montañas. Esta simple práctica te permitirá estar menos ocupado y empezar a producir resultados inteligentes. Y hay otro hábito, relacionado con este momento de reflexión matutina, que resulta increíblemente valioso: marcar los objetivos diarios. ¿Te ha hablado Anna de los Cinco Diarios, Blake?

—Sí. Una gran herramienta. Una de las mejores tácticas de liderazgo que he aprendido hasta ahora.

—Genial. Pues te recomiendo que todos los días escribas tus Cinco Diarios. Eso te ayudará a centrarte en tus prioridades esenciales. Si escribes tus objetivos y plasmas en papel tus intenciones para que sean vívidas y reales, en lugar de vagas generalidades, no solo adquirirás responsabilidad sobre tus prioridades, sino que además se creará una energía positiva que te ayudará a obtener tus resultados más deprisa.

—¿Y la A? —pregunté, sabiendo que Ty iba a pasar al siguiente punto del acrónimo SPARK para ayudarme a aplicar el principio de Las épocas turbulentas crean grandes líderes.

—La A representa la idea de que la Adversidad crea oportunidad. Una de las mejores ideas que puedo transmitirte es que todo contratiempo lleva consigo una gran oportunidad. Cada maldición conlleva su bendición. Cada fracaso nos trae algún don, una puerta que, si sabemos ver y tenemos el coraje de atravesar, nos permitirá alcanzar un éxito inexistente antes de que la dificultad se presentara. «Cuando llega la oscuridad se pueden ver las estrellas», reza un viejo proverbio. Lo que quiero que recuerdes es que cada adversidad trae consigo la posibilidad de un bien. Y que por cada sueño que muere, un sueño mejor puede cobrar vida. Solo necesitas entrenar a tu mente para percibirlo así. Los problemas no son más que plataformas de posibilidades. En realidad, ninguna condición es buena o mala, sencillamente es. Es nuestra forma de percibirla lo que la hace buena o mala. Ahora bien, lo bueno es que nosotros podemos controlar nuestra percepción.

—O sea, que cuando una puerta se cierra, otra se abre —concluí yo.

—Más o menos. No es solo que cuando se cierra una puerta, otra se abre. La idea es que la nueva puerta representa una oportunidad para llegar a un sitio mucho mejor que aquel en el que te encontrabas antes de que se cerrara la puerta. Las crisis contienen en sí mismas excepcionales oportunidades. Recuerda que los líderes más fuertes y poderosos se crearon a través de la lucha y las dificultades. La adversidad, si se lo permitimos, desata una noble valentía en cada uno de nosotros. Resultar herido, desanimado o derribado es solo una parte del proceso de hacer negocios en estos tiempos de cambios. La cuestión no es si vamos a encontrar dificultades. Está claro que las vamos a encontrar. La pregunta es qué haremos con esas dificultades y cuánto tardaremos en recobrarnos. Quiero que entiendas que si llegas a la cima de la montaña sin haber pasado primero por el valle de la oscuridad, tu victoria será en vano.

—Tienes razón, Ty. Las cosas que más satisfacción me

han dado han sido aquellas por las que más he tenido que sacrificarme. Creo que en la vida las victorias más valiosas son las más difíciles de lograr.

—Y la adversidad puede ser una herramienta que te ayude a alcanzar mayores logros y mayor felicidad. «Si en el mundo solo existiera la alegría, nunca aprenderíamos a ser valientes y pacientes», escribió Helen Keller. El liderazgo consiste en aprovechar los tiempos difíciles para utilizarlos en tu propio favor. Hay que ver los obstáculos como bendiciones disfrazadas. Hace falta un poco de práctica para pensar así, pero sé que lo conseguirás, Blake. Estoy convencido.

—Gracias por decirlo, Ty. Yo desde luego ya no quiero volver a hacerme la víctima. Y a partir de hoy estoy seguro de que no se repetirá. Hacía muchísimo tiempo que no me sentía tan motivado. Siento esperanzas de nuevo, me siento fuerte, me siento poderoso. Tengo la sensación de que mi vida tiene sentido y significado. Ahora sé que, aunque no tenga un alto cargo, puedo ser un líder y ejercer una profunda influencia a través de mi trabajo. Pero quiero ser sincero con vosotros. Todo lo que he aprendido hoy creo que tiene mucho sentido y parece realizable. Pero ¿y si mañana me levanto solo en mi casa y oigo en mi cabeza esa voz del miedo que tú decías que chillaba en tu mente en la cima de la montaña? ¿Y si empiezo a ser un Líder Sin Cargo y la gente se ríe de mí, como suele pasar? ¿Y si hago lo que me aconsejáis pero no consigo librarme de los atormentadores recuerdos de la guerra o de mi pasado?

—Vaya, gracias por ser tan sincero con nosotros, colega.

Eso es ser muy valiente. Seguramente eres mucho más fuerte de lo que crees. Hace falta mucha seguridad para hablar de las propias inseguridades. En el momento en que tomes conciencia de tus miedos y los expreses con palabras, esos miedos perderán el poder que tienen sobre ti. Pero para contestar a tu pregunta, en primer lugar te aconsejo que no permitas que las opiniones de los demás te dominen. Y en segundo lugar, SA —dijo Ty misteriosamente.

—¿Y eso qué es?

—Sigue Avanzando. SA. Yo me lo repito constantemente cuando me siento estancado. El secreto para atravesar los tiempos difíciles es seguir avanzando. La cantante Joan Baez lo expresó muy bien: «La acción es el antídoto a la desesperación». En condiciones difíciles, sigue moviéndote. Sigue tomando las decisiones más inteligentes que puedas y manteniéndote en acción todo lo que sea humanamente posible. Sigue progresando, por muy difícil que parezca, y no te estanques. Actúa para salir de las condiciones adversas. Recuerda: toda acción positiva tiene una consecuencia positiva aunque el resultado no se vea de inmediato. Es una ley natural, colega. Las acciones excelentes en condiciones negativas acaban dando efectos excelentes.

—Eso me ayuda mucho. Muchísimo. Cuando empiece a dudar y a sabotearme a mí mismo, tengo que seguir moviéndome —murmuré.

—A veces el éxito no depende de una decisión inteligente, sino de tomar alguna decisión. Y luego ponerla en práctica con rapidez y elegancia —indicó Ty, luego estiró los brazos y respiró profundamente. Pensé que debía de ser una técnica que habría aprendido como deportista para mantener un alto nivel de energía—. El hecho es que evitar tomar una decisión es ya tomar una decisión. Permanecer paralizado en pleno cambio es una decisión. No hacer nada es una decisión. Tienes que estar siempre en movimiento. No te quedes nunca estancado. Los japoneses tienen un dicho: «Si te derriban siete veces, levántate ocho». Cuando te sientas desanimado, con ganas de rendirte, sigue avanzando. SA. Sigue caminando aunque no sepas muy bien adónde vas. El movimiento hacia delante tiene poder. No hacer nada frente a los tiempos turbulentos es lo peor que se puede hacer. El estancamiento es el comienzo de la muerte, tío. Hazme caso.

—O sea, me estás diciendo que tengo que persistir cuando las cosas se pongan difíciles y me vea frente a la adversidad, ¿es eso, Ty?

—Sí. Persistencia y paciencia. Dos extraordinarias virtudes de liderazgo que te harán superar los tiempos difíciles y cambiantes. Como te he dicho antes, cuando te explicaba cómo entrenaba a otros esquiadores, hay que practicar esas dos cualidades para controlar el cambio y realizar la transición del viejo campo de juego al campo de primera donde siempre quisiste estar. Es increíble lo lejos que se puede llegar cuando decides sencillamente que no te vas a rendir, que el fracaso no es una opción, que te niegas a perder. Como decía Winston Churchill: «No rendirnos, nunca, nunca, nunca, nunca, ni en lo grande ni en lo pequeño, ni en lo fundamental ni en lo trivial, no rendirnos jamás excepto a convicciones de valor y sentido común». Y por cierto, es mejor hundirnos en el fracaso por haber querido perseguir nuestras más altas ambiciones, que malgastar nuestras mejores horas viendo la televisión sin salir de la mediocridad.

—Eso tengo que escribirlo —comenté sonriendo.

Cogí un papel del mostrador y apunté la cita de Ty.

—Esa es mi actitud en mi negocio: si me derriban siete veces, me levanto ocho. Ese es el baremo que utilizo para medir la dificultad. Levantarme ocho veces por cada siete caídas. Y si aparece algún obstáculo, y es un obstáculo que me impide alcanzar un objetivo que considero importante, hago todo lo que sea necesario para superarlo. O lo rodeo. O lo paso por debajo. O lo atravieso. Sencillamente no me rindo. Caigo derribado, caigo herido, pero me limpio la sangre y sigo intentando pasar al otro lado del obstáculo que se interpone entre mi persona y el objetivo que quiero alcanzar. Si quieres ganar en el mundo empresarial de hoy en día, tienes que ser así de fuerte y comprometido.

—¿De verdad?

—Desde luego, Blake. Estoy firmemente convencido de que si haces el ridículo lo pasarás mal un minuto, pero si dejas que tus dudas y tus miedos te venzan te sentirás mal toda la vida. A mí me rompe el corazón ver como la gente juega con su carrera y su vida. Me vienen a la cabeza las palabras del famoso psicólogo Abraham Maslow: «Suele darnos miedo convertirnos en lo que vislumbramos en nuestros mejores momentos». Hazme caso en esto, por favor: aunque no puedas ver el líder interior que empieza a despertar en ti o las incontables oportunidades que existen ahí fuera, lo cierto es que están ahí. Y creo de verdad que los obstáculos aparecen solo para medir hasta qué punto deseas algo. Los contratiempos no son más que pruebas para ver si estás preparado para las recompensas que puedes obtener. Casi todo el mundo se rinde en cuanto ve un obstáculo. Yo no.

Ty comenzó a encerar unos esquís de carreras.

—Bueno, chicos, vosotros tenéis que ir a ver a otros dos maestros antes de que acabe el día, y yo tengo que volver al trabajo. Así que voy a terminar con nuestro acrónimo SPARK. La R te recuerda que cuando llegan las dificultades lo que hay que hacer es Responder y no reaccionar. La trampa en la que caen muchos hombres de negocios es que cuando aparece una dificultad les entra tal pánico que se pasan las horas combatiendo un incendio detrás de otro. Se levantan por la mañana, se van al trabajo y pierden todo su tiempo reaccionando. En lugar de alzarse sobre la confusión, dejan que la confusión los absorba y pasan a formar parte de ella. En lugar de ejercer el liderazgo y convertirse en el origen de la solución, se convierten en parte del problema. No te acostumbres a reaccionar ante las dificultades en el trabajo, colega. Tienes que saber responder a ellas. Sé elegante bajo presión. Deja de preocuparte por todo lo que no puedes controlar y dedícate a mejorar lo que sí está en tus manos. Ten iniciativa. Y tener iniciativa significa solamente ser la persona de tu equipo que pone en marcha las cosas. Consigue resultados mientras los demás esperan que otros los dirijan. Recuerda que las mejores horas de todo gran líder transcurren cuando todo parece que se desmorona. En lugar de quedarse paralizado por el miedo, mantiene la calma, actúa de manera excelente y le da la vuelta a la tortilla. Estoy hablando de un dinamismo de primera clase. Estoy hablando de puro impulso y de la capacidad para bloquear el ruido en esta era de abrumadoras distracciones. Recuerda siempre que la iniciativa y el trabajo duro son el calentamiento previo para llegar a esa cumbre llamada éxito.

—En el ejército aprendí la importancia del dinamismo y el valor del trabajo duro. Cuanto más esfuerzo ponía y más practicaba lo que nos enseñaban en el entrenamiento básico, más mejoraba. Supongo que es fácil olvidar que para ser muy bueno en cualquier cosa, tenemos que dedicarle tiempo. Oye, ¿y la K de SPARK?

—«Kudos», es decir, «ensalzar». Para ser un Líder Sin Cargo debes inspirar a los demás, animarlos en un mundo que casi siempre celebra las peores cosas. Tienes que arrojar una luz sobre los demás. La gente necesita sentirse apreciada incluso por las pequeñas cosas que hacen frente a la adversidad o los momentos estresantes. Cada día del resto de tu vida debes ser uno de esos pocos individuos que animan los esfuerzos de los otros, que busca lo bueno en las personas y aplaude hasta el menor acto positivo de los demás. Casi todos piensan que el liderazgo consiste en corregir y criticar a otros cuando se equivocan. Pero no es cierto. El auténtico liderazgo consiste también en aplaudir a los demás cuando hacen las cosas bien. Pero cuando alabes a tus compañeros, recuerda que son muy pocas las personas que saben qué hacer con un cumplido sincero. Aunque tu alabanza no sea del todo bien recibida, no significa que no debas expresarla.

—Excelente argumento, Ty. A veces he caído en esa trampa: me he callado algún cumplido por miedo al rechazo. Tengo que superar eso —confesé.

—Muy bien, Blake. En cualquier caso, celebra apasionadamente el buen trabajo que realicen las personas que te rodean. Reconoce la excelencia. Alaba el buen trabajo. Honra la maestría. No esperes a que tu mánager haga todo eso. Hazlo tú. ¡Sé un Líder Sin Cargo, colega!

La segunda conversación
de la filosofía del Líder Sin Cargo:

Las épocas turbulentas crean grandes líderes

LAS 5 REGLAS

Sinceridad
Priorizar
La **A**dversidad crea oportunidad
Responder y no reaccionar
Kudos

ACCIONES INMEDIATAS

En primer lugar, escribe en tu diario la mejor oportunidad para crear un cambio positivo en tu organización. Anota luego por qué te resistes a ello. Para terminar, haz una lista de las tres recompensas más agradables que obtendrás si amplías tus límites e inicias el cambio.

CITA PARA RECORDAR

«La vida empieza en el límite de tu zona de seguridad.»

NEALE DONALD WALSCH

6

La tercera conversación de liderazgo: Cuanto más profundas sean tus relaciones, más fuerte será tu liderazgo

> El ingrediente más importante en la fórmula del éxito es saber llevarse bien con los demás.
>
> THEODORE ROOSEVELT

> Obtendrás lo mejor de los demás cuando des lo mejor de ti mismo.
>
> HARRY FIRESTONE

Mientras Tommy y yo nos dirigíamos a la Biblioteca Pública de Nueva York le di las gracias por haberme llevado a conocer a Ty. En el poco tiempo que habíamos pasado juntos, el ex campeón de esquí había ejercido una magnífica influencia en mí. Tanto Ty como Anna habían hecho algo que sin duda me estaba transformando. Después de conocer a estos dos líderes tan especiales, tenía muy claro que el principal objetivo de un Líder Sin Cargo era causar transformaciones y mejorar las cosas.

Mientras íbamos en el coche, Tommy y yo profundizamos en el significado de liderazgo y los métodos para liderar. Comentamos que hoy en día absolutamente todas las personas del planeta estábamos llamadas a ser Líderes Sin Cargo y abandonar todo atisbo de victimismo para comprometernos a diario con el liderazgo. Reflexionamos sobre el principio que Anna tan generosamente me había enseñado: no hace falta un cargo para ser líder, y revisamos las cinco reglas del acrónimo IMAGE con las que podía lograr que todo lo que aprendiera se tradujera en fantásticos resultados. Luego analizamos a fondo el principio de que las épocas turbulentas crean grandes líderes que el inolvidable dios del esquí Ty Boyd me había revelado y afirmamos el poder de SPARK. Estaba claro que todo el mundo podía utilizar las cinco prácticas de ese acrónimo para brillar con luz propia en un mundo en el que impera demasiada oscuridad. Yo expresé mi sincera preocupación de que a pesar de que ya había experimentado profundos cambios gracias a las conversaciones que había mantenido con mis dos maestros, me preocupaba volver a recaer en los viejos hábitos y perder los increíbles dones que había recibido aquel día tan inusual.

—No fracasarás —me aseguró Tommy—. Empieza con pequeños pasos y pronto se convertirán en hábitos. Es como adentrarte por un sendero del bosque que no conoces. Al principio no lo ves claro y te sientes un poco perdido, pero cuanto más andas, más a gusto estás. Y pronto te sentirás capaz de recorrerlo con los ojos cerrados. Ser un Líder Sin Cargo se convertirá para ti en una segunda piel. Recuerda: los pequeños cambios diarios llevan con el tiempo a increíbles resultados. El cambio es siempre más difícil al principio. Pero lo bueno es que cada vez resulta más fácil. Y tú te sentirás mucho mejor, Blake el Grande —me animó Tommy, dirigiéndose a mí con el apodo que Anna me había dedicado en el hotel.

—Gracias. Te agradezco mucho tu apoyo. Siempre podré contar contigo, ¿verdad? Ahora eres mi mentor —dije con confianza.

Tommy guardó silencio mientras seguíamos avanzando hacia la biblioteca.

—Te ayudaré mientras pueda, Blake. Tengo setenta y siete años y no sé qué me depara el futuro. Pero no te preocupes, amigo. Todo irá bien.

Yo no estaba seguro de cómo debía interpretar aquel comentario, pero Tommy sonrió de nuevo y no le di más importancia.

—Dos reuniones más y habremos terminado, Blake. Dos maestros más y conocerás los cuatro principios de la filosofía del Líder Sin Cargo. Estarás plenamente preparado para volver a la librería y a tu vida personal con la información y las prácticas que necesitas para ejercer tu liderazgo al máximo. Y cuando tu trabajo sea de primera clase, no solo despegará tu carrera en Bright Mind Books, sino que te sentirás mucho más realizado y feliz en tu vida. Esto me recuerda lo que dijo John F. Kennedy: «La felicidad consiste en el pleno uso de tus capacidades a su máximo nivel». Por cierto, el maestro al que vamos a ver ahora pasó gran parte de su carrera en Shanghai. Era el director ejecutivo de una multimillonaria empresa de tecnología con más de veinticinco mil empleados. Es un tipo inteligentísimo. Un poco como tú, la verdad —comentó Tommy con una sonrisa mientras se ponía unas gafas de cristales azules que había sacado de la guantera del Porsche.

Desde luego aquel hombre era único. Genuinamente original. Yo esperaba que nos mantuviéramos en contacto después de aquel día. Estaba claro que, además de un modelo estelar de Líder Sin Cargo, Tommy era un magnífico ser humano. Hacía falta mucha más gente como él.

Eran casi las tres de la tarde cuando subíamos la escalera de la Biblioteca Pública de Nueva York y entramos en el vestíbulo principal. Recorrimos a toda prisa los majestuosos pasillos bajo los elevados techos, ansiosos por llegar a la siguiente reunión. Sentí paz allí. No solo porque iba con Tommy, sino porque estaba de nuevo rodeado de libros.

—Vamos a la azotea, Blake. Seguro que no has estado nunca.

—No, nunca. La verdad es que ni siquiera sabía que valiera la pena subir.

—Pues sí, amigo. Ya verás como sí —replicó Tommy misteriosamente mientras subíamos en el lentísimo ascensor.

Y al salir me quedé pasmado, absolutamente maravillado. Dominando el impresionante paisaje de la ciudad de Nueva York, una enorme terraza de piedra cubierta por un espectacular jardín colgante. Flores de deslumbrantes colores, muchas de ellas con etiquetas identificativas, estaban organizadas en hileras que recorrían la terraza de un extremo al otro. Intrincadas estatuas de piedra con antiguos caracteres chinos decoraban el espacio, espléndidas guirnaldas de orquídeas colgaban de los muros. El aire estaba impregnado de una fragancia increíble. Por los altavoces sonaba música clásica. Aquel era un lugar mágico. Jamás había visto nada parecido.

De pronto un hombre salió de detrás de una de las jardineras de madera y me llevé un susto de muerte. No se le veía la cara: llevaba una máscara de plástico parecida a la del Fantasma de la Ópera. El desconocido canturreaba la misma frase una y otra vez como un monje en sus oraciones matutinas.

—La clave está en la gente. La clave está en la gente. ¡La clave está en la gente!

Me dio miedo. Miré a Tommy inmediatamente para asegurarme de que aquel tipo era de fiar. No tenía ni idea de lo que era capaz aquel loco frenético e impredecible.

—¡Vámonos! —exclamé.

—No, no nos vamos —replicó Tommy, sin inmutarse.

No parecía en absoluto preocupado. Se quedó quieto entre las hileras de flores, con los brazos cruzados y cara de estar pasándoselo en grande. De pronto sonrió.

—Venga, Jackson, no asustes al novato —dijo.

El desconocido se quitó la máscara. Resultó ser un hombre de rostro amable al que calculé unos sesenta y pico años. Parecía un cruce entre Sean Connery y Confucio. Ya sé que no es fácil imaginarlo, pero eso me pareció a mí. Su cálida personalidad se hizo evidente al instante.

—Este debe de ser el famoso Blake de la librería —comentó afable. Me estrechó la mano entre las suyas, como haría un político curtido. Yo no solo me relajé, pues había comprendido que aquel era el tercer maestro, sino que sus palabras consiguieron que de algún modo me sintiera importante. Parecía prestarme toda su atención, como si hubiera perdido de vista el resto del mundo. Yo sabía que hay individuos que tienen una habilidad especial para hacer que te sientas la persona más importante de la sala. Aquel maestro era uno de ellos.

—Blake, te presento a Jackson Chan, un buen amigo mío.

—Acércate, Blake. No pretendía asustarte. Solo quería que se te acelerara un poquito el corazón. Ofrecerte algo de emoción en este mundo tan terriblemente aburrido en el que muchos vivimos. La vida se ha convertido en algo muy serio para la mayoría de nosotros. Cada uno está ocupadísimo intentando sacar adelante demasiadas cosas. Tenemos que relativizar un poco y divertirnos más. Solo quería que te rieras. Si me he pasado, perdona. La verdad es que te has llevado un buen susto.

—No pasa nada. SA —repliqué, aplicando sin esfuerzo una de las lecciones de liderazgo de Ty. Me sorprendió lo bien que recordaba lo que me habían enseñado. Pensé que ese sistema de aprendizaje que me había ofrecido Tommy tal vez era un método que permitía asimilarlo todo con más facilidad de la que imaginaba. Como Anna y Ty habían mencionado, los acrónimos servían para retener las reglas. En la primera reunión Tommy me había asegurado que el aprendizaje sería «automático», y ahora empezaba a ver que era verdad.

—Ya veo que has conocido a nuestro esquiador —dijo Jackson, divertido.

—Pues sí. Estuvimos con él antes de venir aquí. Muchas gracias por reservarnos tu tiempo —dijo Tommy.

—Es siempre un placer. ¿Cómo está Ty? Te aseguro, Blake, que has conocido a un genio en el arte de convertir las condiciones difíciles en resultados espectaculares. Y además es un hombre encantador —comentó Jackson con afecto.

—Está de maravilla. Sigue tan apasionado y perspicaz como siempre —contestó Tommy—. Me ha pedido que te dé un abrazo de su parte. Dijo que te vería pronto.

—Genial. Bueno, Blake, me han dicho que eres veterano de guerra. Antes de empezar, quiero expresarte mi agradecimiento. Muchísimas gracias —me dijo con sencillez.

—De nada, Jackson —respondí yo, sincero.

—Bien, ¿qué os apetece tomar? Os puedo ofrecer té, café o agua. Y acabo de hacer galletas de chocolate, de esas que llevan dentro trozos de chocolate de verdad —añadió. Parecía un niño más que un excepcional director ejecutivo.

—Lo de las galletas me parece perfecto —dije.

Nuestro anfitrión desapareció un momento tras una puerta corredera y volvió con una fuente de galletas que me recordaron las de mi madre. De hecho, su aroma me puso un poco melancólico. Echaba mucho de menos a mi madre.

—Así que te pasas el día comiendo galletas en esta increíble terraza —bromeé.

—Más o menos —contestó Jackson.

Mordió una galleta y la saboreó con los ojos cerrados.

—Es el jardinero, Blake. El gran visionario que se hizo cargo de una zona que no era más que un caos de cemento y basura y la convirtió en la maravilla que estás viendo. Jackson, ante lo que cualquiera habría considerado un vertedero supo ver un oasis de belleza. Y lo más importante: hizo realidad esa visión para generar los espectaculares resultados que tienes delante.

El jardín era maravilloso. Jackson debía de haber sido un creativo fuera de serie en su vida anterior como empresario.

—Impresionante —comenté—. En mi vida había visto nada parecido.

—Cuando renuncié a mi puesto de director ejecutivo hace unos años, volví a Nueva York. Shanghai era increíble, pero echaba mucho de menos esto. Necesitaba volver a casa. Gracias al éxito alcanzado en mi carrera empresarial, no necesitaba trabajar, así que decidí dedicarme a mi gran pasión: la jardinería. Uno de mis amigos está en la junta directiva de la biblioteca; una mañana me trajo aquí arriba y tuve mi momento Eureka. En ese mismo instante decidí que convertiría este espacio en uno de los jardines más maravillosos que hubiera visto nadie. Es una de mis mejores victorias, Blake. Pronto lo abriremos al público para que todos puedan disfrutar de este regalo.

—¿Y recibirás a los visitantes con esa máscara? —bromeé—. La verdad, menudo susto me has dado...

Jackson sonrió.

—Me gusta el chico, Tommy. Gracias por traerlo aquí arriba. Uno de mis compromisos personales es rodearme solo de personas buenas, apasionadas y positivas con las que me sienta bien. Y veo que este es de los míos. Así que vamos a empezar —dijo, reconduciendo la conversación—. Supongo que a estas alturas habrás oído muchas cosas acerca de la filosofía del Líder Sin Cargo. Tommy ha sido uno de nuestros mejores alumnos, así que has tenido suerte de dar con él.

—Bueno, más bien dio él conmigo —contesté, mirando a Tommy, quien alzó los dos pulgares.

—Muy bien. Mi labor ahora consiste en explicarte el tercer principio de esa filosofía, junto con un acrónimo que resume las cinco reglas prácticas que puedes aplicar para convertirlo en realidad.

—¿Cuál es ese principio? —pregunté, curioso.

—Por desgracia, es un principio que olvidamos con demasiada frecuencia en este mundo de prisas y tecnología. Te lo expondré con una frase muy sencilla: cuanto más profundas sean tus relaciones, más fuerte será tu liderazgo. El principal negocio en los negocios es contactar con personas y añadirles valor. Es importantísimo recordar esto mientras construyes tu carrera y te forjas una vida rica en recompensas.

Me di cuenta de que una de las cosas que tenían en común los maestros era que, aunque se suponía que me ofrecían magníficas ideas que me ayudarían a ser líder dentro de mi organización, todos ponían mucho énfasis en la importancia de llevar también una vida feliz y llena de significado. Aquello tenía mucho sentido para mí. Me sentía totalmente comprometido a ser un Líder Sin Cargo y expresar lo mejor de mí mismo cuando volviera el lunes al trabajo. Me sentía motivado, decidido a ir a por todas. Pero, además, cada vez estaba convencido de que debía reinventar mi vida personal. Mi servicio en el ejército me había dejado confuso y sin esperanzas. Mi novia y yo teníamos muchos problemas. Mi salud no era magnífica. Y la verdad es que tampoco me divertía demasiado. Y ahora por fin estaba preparado para mejorar las cosas de verdad. Tenía las ideas y las herramientas necesarias para lograrlo.

—La clave de los negocios son las personas, Blake. Una empresa no es más que una iniciativa humana que une a varias personas en torno a algún sueño maravilloso que las anima a expresar sus talentos al máximo y a aportar un gran valor a aquellos a los que sirven. Con tanta tecnología, tantos altibajos, tanta competencia y tanto cambio en el mundo empresarial de hoy en día, muchos hemos olvidado que la clave de todo está en las relaciones y las conexiones humanas. Al ritmo frenético al que trabajamos, es fácil sacrificar las relaciones en favor de los resultados. Pero la realidad es que cuanto más fuertes sean los lazos entre tus compañeros y tú, así como las relaciones con los clientes para los que trabajas, mejores serán los resultados. En realidad debería añadir que otro propósito de la empresa es ser útil. Ya sé que parece algo muy simple, pero es que los negocios son algo muy simple. Y los empresarios de más éxito, las mayores organizaciones, se ciñen a lo fundamental, no complican demasiado las cosas. La empresa es un vehículo para ayudar a otros seres humanos, para implicar a los empleados de tal modo que realicen su potencial humano y ayuden a los clientes a lograr sus máximas aspiraciones.

—Eso parece muy acertado, Jackson. Me gusta la idea de que una empresa es sobre todo un proyecto para ayudar a otros.

—La verdad siempre es acertada.

Yo reflexioné un momento sobre sus palabras.

—Pero en la sociedad domina la creencia de que el objetivo de la empresa es ganar dinero —apunté.

—Es cierto. Pero aquí tienes una idea estimulante: a medida que despiertes tu líder interior y aportes a tus accionistas más valor de lo que cualquiera podría esperar, la gente hará cola ante tu puerta. Además de sentir la plenitud que conlleva hacer el bien, los beneficios de tu organización serán espectaculares. El dinero sigue a la aportación. Cuanto más aportes a todos los elementos implicados en tu empresa (desde tus compañeros hasta tus clientes), mayor será el éxito financiero de tu empresa y el de tu propia carrera.

—Entonces, si me concentro en tratar bien a los demás y en ser útil de todas las maneras posibles, el resultado será el éxito personal, ¿no?

—Exacto. Ya te he dicho que el mundo empresarial es algo muy sencillo. Somos nosotros los que lo hacemos complicado. La gente inteligente no lo complica.

—Tiene mucho sentido. Lo curioso es que esta filosofía esté tan poco extendida.

—El sentido común es el menos común de los sentidos, Blake. Pero todo está cambiando, y muy deprisa. Los que no comprendan esta nueva manera de hacer negocios se quedarán atrás. Los viejos valores ya no funcionan porque las condiciones actuales son totalmente diferentes. La tecnología, la globalización y la tremenda agitación que sacude a la sociedad han creado un nuevo universo empresarial. Sería una locura pensar que podemos seguir utilizando las viejas tácticas en un mundo totalmente nuevo. Los que se resisten a cambiar y se aferran temerosos a la tradición acabarán extinguiéndose, como los dinosaurios, que no evolucionaron cuando las condiciones cambiaron hace millones de años. Las organizaciones que dominarán las industrias y crearán marcas apreciadas en todo el mundo serán las que cuentan con Líderes Sin Cargo en todos los niveles de la jerarquía y las que ponen en primer lugar a las personas y las relaciones.

Yo miré el jardín que nos rodeaba y reflexioné sobre las enseñanzas de Jackson.

—En fin, lo que quiero decir es que, si de verdad quieres alcanzar tu más alto potencial en los negocios, deberás tratar a la gente excepcionalmente bien. Desvívete por tus clientes. Y ayuda a desarrollar las capacidades de tus compañeros.

—Pero el desarrollo de personal ¿no es tarea de mi jefe, Jackson? —pregunté—. O por lo menos del departamento de recursos humanos...

—En el nuevo modelo de liderazgo que estás aprendiendo hoy, no. Si quieres ser un Líder Sin Cargo, no. Si quieres ganar, tienes que ayudar a los demás a que ellos también ganen. Y parte de eso consiste en hacer todo lo posible por crear un ambiente de alto rendimiento en tu organización. Que todo el mundo entienda lo excelente que puede llegar a ser. Así que ahora parte de tu trabajo consiste en desarrollar la grandeza en personas que ni siquiera han visto esa grandeza en sí mismas.

Jackson hizo una pausa para oler una rosa.

—¡No seas un dinosaurio o acabarás muerto! —añadió alzando un poco la voz—. ¡Sé un Líder Sin Cargo! Ahora ya sabes que no hace falta tener un cargo para ser líder. No tienes que ser mánager para despertar lo mejor en tus compañeros ni para ejercer una magnífica influencia en tu organización. No necesitas ser un ejecutivo para tener unas relaciones estupendas con tus clientes, de manera que alaben tus productos y el servicio que ofreces. Solo necesitas dedicarte cada día a expresar lo mejor de ti mismo y dejar una huella fantástica en otras personas. Eso es lo único que hace falta, Blake. Y si estás rodeado de gente comprometida, ilusionada y magnífica que trabaja al máximo de sus capacidades, tu organización marchará de maravilla no solo en tiempos de prosperidad sino también en las épocas difíciles. Las mejores compañías de Estados Unidos cuentan no solo con equipos de personas que rinden al máximo, sino con equipos de personas con las que mantienen inmejorables relaciones. Y es que en realidad un negocio no es más que una especie de conversación. Y si la empresa en la que trabajas olvida avivar esa conversación y las relaciones humanas entre los implicados, la conversación acabará pronto y el negocio fracasará.

Jackson sacó un paquetito de una caja de herramientas

y se acercó a mí. Tommy estaba admirando los enormes rascacielos y algunas de las exóticas flores del jardín.

—Toma, ábrelo —me dijo Jackson.

En el paquete había un puñado de semillas.

—Ahora toda mi vida gira en torno a la jardinería. Y todavía me admira que, con cuidados y paciencia, de esas semillitas de aspecto estéril puedan crecer las plantas más maravillosas del mundo. Esa misma idea subyace al principio que te estoy explicando. Si tu prioridad en la vida es crear magníficas relaciones con la gente (ya sea con los compañeros de la librería o con los clientes con los que interaccionas todos los días), alcanzarás el éxito y la felicidad en tu carrera. Pero, al igual que pasa con la jardinería, deberás hacer un esfuerzo enorme y tener muchísima paciencia. Para que me entiendas, deberás regar constantemente tus relaciones. Las excepcionales recompensas que no tardarás en recibir harán que valga la pena. Como suele decirse: quien siembra, recoge.

—Muy interesante. Ahora entiendo que llevo años poniendo excusas. Pensaba que, como no tenía un cargo, no contaba con el poder ni la autoridad para dar forma a mi equipo o a mi organización. Me quejaba de que bastante ocupado estaba ya para además ayudar a los demás a expresar su liderazgo despertando su líder interior. Le echaba la culpa a cualquier cosa, en lugar de ponerme en marcha y hacer todo lo que pudiera. Era una triste víctima, estancada y fracasada.

—¿Y la gente con la que trabajas te animaba y te apoyaba? Reflexioné.

—No, la verdad es que no. En realidad tengo la sensación de que allí no encajo. No me siento parte de un equipo. Me da la impresión de que no conecto con nadie.

—No me extraña. No haces ningún esfuerzo por cuidar tu relación con tus compañeros. Antes de hoy podías haberme dicho que no tenías tiempo para crear mejores relaciones con ellos, que no te lo podías permitir. Pero lo que no puedes permitirte es no hacer un esfuerzo por conectar con las personas con las que pasas casi todo el día. Piénsalo, Blake. Pasas la mayoría de las horas de la mayoría de los días de la mayoría de los años de tu vida con tus compañeros de trabajo. ¿No te parece sensato llegar a conocerlos bien y mantener magníficas relaciones con ellos? Harás amigos, te sentirás parte del grupo, sabrás que tienes a tu alrededor una comunidad que te apoya. Y en cuanto tus compañeros empiecen a ver que los apoyas, te corresponderán. La ley de reciprocidad es una de las leyes más fuertes que rigen las relaciones humanas. Si de verdad ayudas a los demás, los demás harán cualquier cosa por ayudarte a ti. Si de verdad te entregas a un compañero, el compañero se entregará a ti. Así es la naturaleza humana. Haz que otros tengan éxito, y te llevarán al éxito a ti. Pero para que alguien te tienda una mano, tienes que llegarle al corazón. Ah, y no olvides que los Líderes Sin Cargo ayudan a los demás a lograr más como equipo que como personas individuales. Eso es un punto clave. Recuerda también que el Líder Sin Cargo siempre toma la iniciativa. No esperes a que alguien busque relacionarse contigo; empieza tú el proceso de conexión. Dirige tú el camino.

—Tengo que convertirme en el cambio que más desee —comenté, parafraseando la cita de Gandhi que Tommy compartió conmigo cuando nos conocimos en la librería.

—Exacto. Da aquello que más desees recibir. Es uno de los consejos más valiosos que puedo darte. Si quieres más apoyo, da más apoyo. Si quieres que te aprecien, aprecia tú. Si quieres más respeto, muestra respeto tú primero. Y luego todo volverá a ti en un torrente. Dando se inicia el proceso de recibir.

—Genial —dije.

—Y no olvides nunca la idea central de que la mejor manera de animar a tus compañeros a que se conviertan en los líderes naturales que están destinados a ser es convertirte tú en un modelo de liderazgo. Estoy seguro de que hoy ya lo habrás oído un montón de veces, pero lo repito porque es esencial. Dirigir mediante el ejemplo es una de las herramientas más potentes para influir positivamente en los demás. A nadie le gusta que le digan que tiene que cambiar. Nos resistimos por instinto a que nos controlen. Por eso, si intentas forzar a alguien a que se convierta en lo que tú sabes que puede llegar a ser, solo conseguirás que se cierre en banda y crea que estás limitando su libertad personal. Pero si te mantienes fiel al principio de dar lo mejor de ti mismo, verán lo que es posible también para ellos. En el momento en que ejerzas un liderazgo extraordinario en todo lo que hagas, tu ejemplo animará a tus compañeros a esforzarse por brillar con la misma luz. Si pones todo tu esfuerzo en reescribir tu historia, en llegar a lo mejor que puedas ser, los que trabajen contigo querrán reescribir sus propias historias y alcanzar su máximo nivel como líderes y como seres humanos.

Jackson comenzó a podar algunas plantas; de vez en cuando se detenía para inhalar la fragancia de las flores. Vi su sonrisa. Estaba claro que amaba la naturaleza.

—Aquí eres muy feliz, ¿verdad? —pregunté.

—Esto es el nirvana —contestó—. Los años que me dediqué a los negocios fui muy feliz. Jamás me imaginé que mi carrera pudiera llegar tan lejos. Es sorprendente hasta dónde puedes llegar con el tiempo realizando pequeñas y regulares mejoras todos los días. La mayoría de nosotros somos capaces de alcanzar la excelencia en nuestra carrera. Son muy pocas las personas que se comprometen largo tiempo a ser excelentes. Supongo que Tommy te ha contado algo de mi historia y de la empresa que hice crecer con la ayuda de las personas extraordinarias que trabajaban conmigo.

—Yo creía que eras el director ejecutivo —dije; Jackson sugería que había sido un empleado más, y eso me desconcertó.

—Sí, lo era. Pero jamás perdí de vista el hecho de que el más humilde es el más grande. «Solo los humildes mejoran», dijo el gran músico de jazz Wynton Marsalis. Las cosas especiales nunca se hacen a solas. Y cuanto más alto sea el objetivo, más necesitarás la ayuda de los compañeros para cumplir tu misión. Cuanto más ambicioso sea el sueño, más importante será el equipo. Me recuerda aquella cita del matemático Isaac Newton: «Si he visto más lejos que los otros hombres es porque me he aupado a hombros de gigantes». Yo soy lo que soy gracias a las personas que trabajaban conmigo mientras escalábamos juntos la montaña y construíamos nuestra gran empresa. Nunca perdí de vista el hecho de que todas las mañanas esas personas dejaban la comodidad de su casa y su familia y venían a trabajar para mí, a ofrecer lo mejor de sí mismas. Así que cuando reflexiono sobre el éxito tan bárbaro que alcanzamos, o cuando algún periodista, por ejemplo, intenta atribuirme todo el mérito, le cuento el secreto: logramos lo que logramos gracias a las fuertes relaciones que manteníamos en nuestra comunidad. En otras palabras, logramos tan notables victorias porque trabajamos codo con codo. Alcanzamos el éxito porque entre nosotros existía una tremenda colaboración y porque sentíamos que todos estábamos en el mismo barco. Y es que, en realidad, una organización invencible no es más que una serie de magníficas relaciones que se extienden por toda la empresa, todas ellas centradas en algún edificante resultado.

Jackson se acercó a un estanque con hermosos lirios blancos y se sacó una moneda del bolsillo. Se inclinó sobre una flor para olerla y luego me tendió la moneda.

—Ten, tírala al estanque. Pero primero pide un deseo. Hoy es tu día de suerte.

Así lo hice. Tommy me miraba desde la otra punta de la terraza. Iba tan desaliñado como cuando lo conocí en la librería, hacía tan solo unos días. Seguía llevando aquel pintoresco chaleco, los ajados pantalones y el reloj de Bob Esponja. Pero detrás de aquella fachada excéntrica, yo ahora veía lo que Tommy realmente era: un líder genuino y un ser humano generoso. Y le agradecí en el alma el enorme regalo que me había hecho. El regalo de enseñarme que yo podía ser un gran líder independientemente de mi puesto de trabajo o de mi pasado. Pero también empecé a preocuparme un poco. Cada vez era más consciente de que Tommy era un anciano, y me preguntaba cuánto tiempo de vida le quedaría. Me puse un poco triste.

—¿Ves las ondas que se producen en el agua solo porque has tirado una moneda? —me preguntó Jackson.

—Sí.

—Pues así son las relaciones dentro de una organización. Todo el mundo importa. Las acciones de cada empleado cuentan. Cada relación se expande por toda la empresa. Una buena relación inspira la siguiente conversación, que a su vez inspira una tercera. Y la onda expansiva al final determina la esencia de la empresa y la calidad de los resultados que se obtienen. En la primera empresa en la que trabajé, donde entré para hacer prácticas, nos dieron un curso de formación que no he olvidado nunca.

—¿Qué tenía de especial?

—Que al final del curso había aprendido la importancia de forjar relaciones profundas, fuertes y de confianza. Nos hicieron una prueba para ver si recordábamos las principales ideas que nos habían enseñado, y la última pregunta era la siguiente: «Escribe el nombre del conserje de la empresa, el anciano que limpia la oficina todas las noches». Yo no tenía ni idea. Lo había visto pasar la aspiradora o llevarse la basura las noches que me quedaba hasta tarde trabajando, pero jamás me había tomado el tiempo o la molestia de conocerlo un poco. No pensé que tuviera importancia. Solo era el conserje. Pues bien, suspendí el examen. Si no contestabas bien a esa pregunta, no podías aprobar. Ese día recibí una lección que todavía hoy llevo conmigo: si de verdad quieres que tu empresa esté a la cabeza de tu sector, todo el mundo que esté dentro de la organización importa. Todo el mundo que trabaje en la empresa es importante. Todas las personas de la empresa tienen que estar comprometidas y conectadas, porque la calidad de una empresa depende de la calidad de las relaciones entre sus trabajadores. Las buenas relaciones te darán una buena empresa. Las relaciones extraordinarias te darán una empresa extraordinaria.

—¿Y cómo se llamaba el conserje? —pregunté.

—Tim —contestó Jackson de inmediato—. Tim Turner. Luego ya llegué a conocerlo. Y aquella persona que yo había creído un don nadie resultó ser un hombre que dedicaba la mayor parte de su tiempo libre a trabajar con niños desfavorecidos, había leído más libros de filosofía que los que yo podría leer en toda una vida y era uno de los mejores conversadores que he conocido jamás. Todas las personas a las que conozcas, independientemente de su apariencia o su cargo, tienen un padre y una madre. Todo el mundo tiene una historia que vale la pena oír. Y todo el mundo conoce alguna lección que vale la pena aprender.

—¡Vaya! —fue todo lo que acerté a decir.

Jackson se quedó callado un momento.

—Imagino que Tommy no te lo ha dicho, pero mi mujer

murió de cáncer hace unos años —declaró luego, casi en un susurro.

—Lo siento mucho —dije con sinceridad.

—No lo sientas. Aunque yo era un gran hombre de negocios y habíamos creado una compañía que había alcanzado un éxito increíble, jamás descuidé mi relación con ella. Nunca caí en la trampa de no apreciar a la persona a la que más quería. Jamás perdí de vista la importancia de nuestra relación. Ahora ya no está, pero no tengo nada de lo que arrepentirme. Nada. Todavía la echo muchísimo de menos, pero no me arrepiento de nada. Porque si para mí la gente era lo primero en mi vida profesional, mi relación con ella era mi prioridad. Si la gente es lo primero para ti, todo lo demás funciona solo en muchos aspectos. Hemos olvidado esta verdad fundamental del liderazgo. El mundo empresarial está más interconectado que nunca, pero la gente implicada en él nunca ha estado tan desconectada de los demás como ahora. Tenemos más tecnología y menos humanidad que nunca. Somos mucho más sofisticados, pero tal vez nunca hemos sido más insensatos. Lo que intento decirte es que para ser fantástico en los negocios debes centrarte sobre todo en la gente. Tienes que creer en las personas, implicarlas, establecer buenas relaciones con ellas, servirlas y elogiarlas. Si de verdad quieres ganar en los negocios, conviértete en un verdadero centro que irradie energía positiva, excelencia y bondad a todas las personas a las que tengas la suerte de ayudar.

—Una manera muy inspirada de decirlo. Muchas gracias por compartir esa idea conmigo, Jackson. Y estoy de acuerdo: es verdad que la gente ya no mantiene conversaciones auténticas. Ahora, en lugar de hablar nos enviamos muchos mensajes. La gente se cita a comer en los restaurantes, pero nadie habla. Ni siquiera se miran. Parece que nos escondamos del mundo tapándonos los oídos con auriculares y las bocas con micrófonos. Mis padres, que Dios los bendiga, no tenían gran cosa, pero todas las noches insistían en que cenáramos todos juntos. Y en la mesa nos contábamos cómo nos había ido el día. Y recuerdo vacaciones muy felices, riéndonos y apoyándonos unos a otros. Teníamos mucha confianza, y eso era muy importante. Me alegra saber que alguien que ha tenido el éxito que has tenido tú, Jackson, considera que las relaciones son increíblemente importantes —comenté, encantado con las ideas que aquel alto ejecutivo estaba compartiendo conmigo.

—Ahora solo soy un jardinero —replicó él con sincera humildad—, pero muchas gracias. Igual que yo ahora me dedico a cultivar hermosas flores en este maravilloso jardín, tú tienes que cultivar cada día todas y cada una de tus relaciones con tus compañeros y tus clientes, y ya verás lo bien que te va. Y en cuanto a tus compañeros, recuerda que a medida que profundices en tu relación con ellos, tienes que ayudarlos a crecer. Los Líderes Sin Cargo ven lo mejor de las personas y crean un ambiente en el que puedan florecer, igual que un buen jardinero entiende que la tierra es de vital importancia no solo para la supervivencia de la planta sino también para su crecimiento —declaró Jackson, hablando de nuevo como un ejecutivo—. Y recuerda también que la gente hace negocios con personas que les caen bien, con personas en las que confían, con personas que hacen que se sientan especiales. Trata a los demás como si fueran VIP. Puedes utilizar tu poder de liderazgo para marcar esa diferencia en la librería en la que trabajas, Blake. Tus compañeros te lo agradecerán. Y los clientes acudirán a ti en tropel y se convertirán en fanáticos seguidores tuyos.

—Eso de tener «fanáticos seguidores» me gusta —dije con entusiasmo.

Jackson miró el jardín.

—Ya sé que los dos tenéis un horario que cumplir, y yo he de terminar unas cuantas cosas aquí antes de dar por terminado el día. Pero hay cinco valiosas reglas que quiero transmitirte para que puedas dominar el principio de la filosofía del Líder Sin Cargo que has descubierto hoy conmigo.

—Ese principio es que cuanto más profundas sean tus relaciones, más fuerte será tu liderazgo —dije.

—Eso es. Al igual que los otros dos maestros a los que ya has conocido, yo también tengo mi propio acrónimo para ayudarte a recordar estas útiles reglas.

—A ver. Estoy cogiéndole el gusto a esto de los acrónimos —repliqué encantado mientras daba cuenta de una deliciosa galleta de Jackson.

—SERVE, es decir, «servir»—dijo al tiempo que se sentaba en un hermoso banco de madera.

Yo me reí.

—Jackson es genial, ¿verdad? —terció Tommy, que tomaba el sol en una silla de teca.

Había diseminado pétalos blancos en torno a sus pies.

—La S es de Ser servicial. Como te he comentado antes, una empresa consiste fundamentalmente en ser ante todo servicial. Así que uno de los consejos más efectivos que puedo ofrecerte para que llegues a ser un maestro del liderazgo es: haz siempre más de lo que tu salario te exige que hagas. La compensación será siempre proporcional a tu contribución, Blake. ¿Cuántas veces vas a un restaurante o entras en una tienda deseando que la gente que allí trabaja sea realmente servicial? Es algo muy poco común. En ese aspecto casi todo el mundo está estancado. Están tan acostumbrados a ver entrar clientes por la puerta que dan por sentado que seguirán entrando. Se olvidan de que tienen a un ser humano delante, a una persona que además les da de comer todos los días. Ser servicial es un concepto muy simple que se convierte en espectacular si lo practicas de una manera casi automática, como si lo llevaras grabado en tu ADN y constituyera el núcleo de tu manera de trabajar y de vivir. Sé servicial. No, márcate el objetivo de convertirte en la persona más servicial que conozcas.

—Perfecto —fue todo lo que pude decir. Las palabras de Jackson habían desencadenado una oleada de pensamientos y emociones. El liderazgo representaba mucho más de lo que yo había imaginado. No solo era la forma en la que cualquier persona dentro de cualquier organización (una empresa, una comunidad, una nación) podía emplear su poder natural para motivar a otros para que dieran lo mejor de sí mismos, era también la manera de realizar nuestro mejor potencial y aportar valor al mundo que nos rodea.

—¿Sabes, Blake?, a los seres humanos nos mueven profundos anhelos de los que podemos ser o no conscientes. Deseamos saber que estamos expandiendo nuestro potencial y creciendo como personas. Deseamos saber que, sea cual sea nuestro trabajo, estamos dejando nuestra huella. Deseamos vivir de tal manera que cuando nos llegue la hora no nos arrepintamos de haber vivido en vano. Nadie quiere llegar a su lecho de muerte dejando atrás una vida que no ha significado nada.

Aquellas palabras me impresionaron. Respiré hondo. Reflexioné sobre mi vida. Y me di cuenta de que, a menos que empezara de inmediato a realizar cambios profundos, el futuro me traería lo mismo que había experimentado en el pasado. No quería llegar al fin de mis días y darme cuenta de que había vivido el mismo año ochenta y cinco veces.

—Y eso me lleva a la E de SERVE. La E de Escuchar. Para crear unas relaciones de primera clase no solo deberás ser increíblemente servicial, sino que tendrás que ser un maestro en comprender a los demás. Y eso se consigue con una de las habilidades de liderazgo más importantes: saber escuchar. Habla menos y escucha más. Tal vez seas de los que consideran que saber escuchar no es una cualidad demasiado especial; si es así, te equivocas, amigo. Si fuera algo tan sencillo, ¿cómo es que cada vez existen menos personas que de verdad saben escuchar de corazón? ¿Con cuántas personas, cuando hablas con ellas, sientes que el mundo se ha detenido a su alrededor porque escuchan realmente fascinadas lo que les estás diciendo? ¿Cuántas personas conoces que escuchen con tal intensidad de concentración que es casi como si pudieran oír el silencio entre cada una de tus palabras?

—Nadie. No se me ocurre a ninguna —contesté de inmediato.

—Porque no hay muchas. Lo cual te ofrece una oportunidad inmejorable de alzarte sobre la multitud y crearte una reputación como excelente Líder Sin Cargo. En esa zona hay muy poca gente, Blake. Y eso es porque muy pocos están dispuestos a hacer lo necesario para estar allí. Para la mayoría, escuchar es esperar a que la otra persona termine de hablar para entonces poder soltar la réplica que ya están pensando. Nuestro ego grita de tal manera que no tenemos oídos para lo que la otra persona nos está diciendo. Casi nadie sabe escuchar.

—¿Por qué? —pregunté, fascinado con la idea de que el liderazgo implica saber escuchar.

—Pues por varias razones. En primer lugar, mucha gente sufre trastornos por déficit de atención. Nos bombardean todos los días con tantos mensajes, anuncios y datos, con tanta información, que la cabeza nos da vueltas. Nunca el ser humano había estado sometido a tanta distracción inútil. Todo eso nos nubla la mente y consume nuestra energía. Por eso la atención es un bien tan escaso. Procesamos tanta información, que no nos sobra atención para prestársela a la gente con la que estamos hablando. Y eso es un desastre, porque nuestro interlocutor se da cuenta. Uno de los más profundos anhelos del ser humano es el deseo de ser comprendido. Todos tenemos una voz interior y todos queremos expresarla. Y cuando vemos que alguien se toma el

tiempo de oírla y acogerla, nos abrimos a esa persona. Nuestra confianza, respeto y aprecio por esa persona crece.
—Y lo mismo sucede con nuestra relación con ella —apunté.
—Exacto. Escuchar es uno de los actos más valientes y menos comunes de los aspectos centrales del verdadero liderazgo. Gran parte de tu trabajo en la librería consiste en animar a la gente en un mundo que nos aplasta. Y una manera excepcional de hacerlo es crear un espacio a tu alrededor donde tus compañeros y tus clientes sepan que los van a escuchar. Si escuchas realmente a una persona, la estás honrando.

Jackson guardó silencio. Arrancó una margarita y, con el tallo entre sus dedos, la hizo girar rápidamente, pensativo.

—Otra razón por la que no sabemos escuchar es el ego, como he mencionado antes.

—¿Sí?

—Sin duda. El hecho es que casi todos somos seres muy inseguros. Pero cuando vamos al trabajo queremos que los demás piensen que somos fuertes, inteligentes y capaces. Puro ego. Nos quedamos estancados en ese antiguo modelo de liderazgo según el cual el mejor líder es el que habla más y más alto y el que menos escucha. Cometemos el error de pensar que la persona que más habla es la que tiene todas las respuestas. Es una equivocación. El liderazgo consiste en escuchar, y en que los demás sientan que les escuchas. Para eso hace falta ser una gran persona. Algunos piensan de verdad que saber escuchar es una habilidad de lo más sencilla. Pero en realidad es algo muy difícil. Hace falta ser valiente para bloquear el ruido del propio ego y subir el volumen de lo que escuchas. Hace falta ser una persona fuerte y segura para permanecer en silencio y poder oír y considerar las ideas de los demás.

Jackson se sentó junto a Tommy.

—Ven, Blake. Que nos dé un poquito el sol.

El sol había comenzado su descenso en el cielo de Manhattan. No se veía ninguna nube. Las modernas torres resplandecían; el ruido de las congestionadas calles llegaba hasta nosotros. De pronto, mientras me sentaba junto a aquellos dos grandes hombres, pensé que ese era un gran día para estar vivo.

—Te diré una cosa sobre esto de saber escuchar y comprender a los demás —continuó Jackson—: cuando lo haces, estás dando un regalo que la mayoría de la gente jamás recibe. Casi todo el mundo, estoy convencido de ello, atraviesa la vida sin que nadie le haya escuchado nunca de verdad. ¿Por qué? Porque todos estamos increíblemente ocupados e increíblemente ensimismados en nosotros mismos. Meras excusas, por supuesto. Pero cuando escuchas (que es algo muy diferente de oír), la otra persona empieza a sentirse comprendida. El anhelo de hacer oír su voz interior empieza a hacerse realidad. Esa persona se siente segura. Su confianza crece. ¿Y sabes qué pasa entonces?

—Ni idea —respondí, inclinándome con interés hacia él.

—Pues que, como se siente segura, empieza a quitarse la armadura protectora que se pone todas las mañanas antes de salir de su casa. Baja la guardia que mantenía contra la decepción y el desánimo que esperaba encontrar en los demás. Empieza a ver que de verdad te importa, que quieres que salga victoriosa. Se da cuenta de que quieres lo mejor para ella. Y entonces empieza a darte lo mejor de sí misma.

—Un proceso fascinante.

—Lo es. Y cuando eso pasa, la relación avanza directamente hacia el éxito. Tus compañeros besarán el suelo que pisas. Te defenderán, te animarán y saldrán a dar el callo cuando los necesites. Y tus clientes se convertirán en tus embajadores de buena voluntad, predicarán tu buen nombre a cualquiera que los escuche, allí donde vayan.

Los tres nos echamos a reír. La pasión de Jackson era palpable. Le encantaba hablar de liderazgo, del poder de las relaciones humanas y del desarrollo del genio en las personas.

—La R de SERVE significa Relacionarse. Sal ahí fuera y conecta con tus compañeros y tus clientes. Dejarse ver es una acción de increíble valor. En cuanto empieces a relacionarte con la gente con la que haces negocios, cosecharás unos resultados positivos y victorias que ni siquiera esperabas. Cuando la gente te ve la cara, existes para ellos. Empiezan a conocerte. Empiezas a gustarles. Y recuerda siempre que la gente hace negocios con las personas que le gustan.

—Eso es totalmente cierto, Jackson. A mis clientes de la librería les gusto por mi pasión por los libros, por eso vuelven.

—En esta época tan competitiva es importantísimo mantener unas relaciones limpias y fuertes. No es el momento de esconderte en tu cubículo. No es el momento de retirarse tras el muro del correo electrónico. Es el momento de salir a tender puentes, de remangarse y conectar con los compañeros y los clientes mientras los ayudamos a llegar a donde quieren llegar. Tómate un café con tus accionistas. Queda para comer con tus clientes. Averigua qué les preocupa y cómo se sienten en este período de turbulencia que atraviesa el mundo empresarial. Diles que estás con ellos no solo en tiempos de bonanza, sino también en tiempos difíciles. Eso es algo que no olvidarán nunca. Y te recompensarán con su lealtad.

—Muy interesante. ¿Y la V de SERVE? —pregunté, curioso.

—Valorar la diversión —me contestó Jackson—. Casi todo el mundo piensa que el trabajo tiene que ser algo muy serio. Tememos que si nos reímos, nos divertimos y jugamos un poco en el momento adecuado, pensarán que estamos perdiendo el tiempo y que no somos productivos. Pero esta, amigo, es la verdad: si te diviertes realizando tu trabajo, tu productividad mejorará. Si te diviertes, te implicarás más en lo que estés haciendo. Si te diviertes, tendrás ganas de colaborar más. Cuando la gente se divierte, la energía de toda la organización alcanza niveles cada vez más altos. Cuando la gente se lo pasa bien en el trabajo, su nivel de estrés baja, se siente mucho más dispuesta a hacer algo inesperado para satisfacer a los clientes y a trabajar con mucho más ahínco. Por favor, todas las mañanas, cuando vayas a la librería, recuerda lo importante que es divertirse e implicarse. Y la necesidad de divertir e implicar a tus compañeros, puesto que ahora eres un Líder Sin Cargo.

Jackson se miró el reloj y empezó a hablar más deprisa, pero seguía completamente concentrado en mí y en la lección que me estaba transmitiendo. El sol comenzaba a ponerse tras las altas torres de oficinas y los impresionantes monumentos que configuran la panorámica de Nueva York.

—La E de SERVE representa una de mis ideas de liderazgo favoritas, Blake. Estimar y cuidar. Antes de que desaparecieran algunas de nuestras compañías más conocidas, los negocios giraban en torno al yo, yo, yo en vez de en torno al nosotros, nosotros, nosotros. Hacer negocios consistía en conseguir cosas: dar lo menos posible y conseguir el máximo dinero en el menor tiempo posible. La profundidad y la calidad de las relaciones con los clientes y los compañeros de trabajo no importaban gran cosa. Los clientes eran prescindibles. ¿Que perdías un cliente porque no habías mantenido tu palabra o no habías entregado lo que habías prometido entregar? No había por qué preocuparse. Te buscabas otro y en paz. ¿Que un compañero estaba descontento porque no sabías apreciarlo o porque eras injusto? No pasaba nada. Lo sustituías por otro y punto.

»Pero el mundo de los negocios ya no es lo que era. Con la interconectividad sin precedentes que la tecnología ha introducido en nuestras vidas, un cliente descontento es demasiado. Basta un cliente decidido a acabar con tu reputación o con tu marca para conseguirlo. Por el contrario, un cliente absolutamente satisfecho y admirado ante tu servicio puede hacer una propaganda enorme de tu magnífica empresa. En cuanto a los compañeros, en el nuevo mundo en el que nos movemos, el talento es fundamental. No se puede tratar a las personas como si fueran capital porque no lo son. Perder a una gran persona te supondrá un coste mayor del que imaginas.

»Así que te animo a que estimes y cuides a los demás. Sé increíblemente agradable. Ser agradable no es ser débil. Por favor, no confundas amabilidad con debilidad. Los Líderes Sin Cargo saben equilibrar a la perfección la compasión con el valor. Saben ser amistosos y a la vez firmes. Saben ser sinceros y a la vez fuertes. Las personas son lo primero, sí, pero eso no significa que no debas exigirles que rindan al máximo, que se comprometan al máximo y que obtengan los mejores resultados. El Líder Sin Cargo sabe ser tierno y firme a la vez. Es un equilibrio difícil, es verdad, pero con dedicación y práctica lo alcanzarás. Y si ser agradable es una magnífica estrategia empresarial, ¿por qué la siguen tan pocas personas? Hay que comprender muy bien las relaciones humanas para saber ver lo mejor de la gente, sobre todo en personas que no conocen lo mejor de sí mismas. Observa a los demás como realmente son, pero trátalos siempre con tal respeto y amabilidad que avancen rápidamente hacia lo que has soñado que pueden ser. En medio del caos de tus tareas diarias, debes encontrar tiempo todos los días para cultivar y cuidar tus relaciones, ofrecer a los que te rodean una sonrisa, una palabra de ánimo o un gesto de afecto. Estos actos no son propios de una persona débil, sino de un líder atrevido. Así que sé cariñoso, sé afectuoso, sé extraordinariamente agradable. Que los que se crucen contigo, se sientan mejor que antes, más contentos y más comprometidos con su labor. Y ya verás los beneficios que redundarán en tu carrera.

—Y en tu vida —terció Tommy, que estaba admirando una de las esculturas del jardín.

—Bueno, pues eso es todo lo que tenía que decirte, Blake. Cuida de la gente, que el dinero se cuidará de sí mismo. Ayuda a los demás a alcanzar sus objetivos y los demás te ayudarán a alcanzar cada uno de los tuyos. Ayuda a que las personas que hacen negocios contigo logren un éxito enorme, y ellos lo pondrán todo para que tú alcances un éxito enorme. La ley de la reciprocidad está profundamente arraigada en el liderazgo y en la naturaleza humana.

—No se me olvidará, Jackson —afirmé, agradecido.

—Fantástico. Recuerda simplemente que esta ley se explica por el hecho de que las personas sentimos de manera natural la obligación y el deseo de responder con bondad y apoyo a la persona que nos los ha ofrecido en primer lugar. Tendemos a ser buenos con quien ha sido bueno con nosotros; es algo innato. De manera que una actitud excepcionalmente amable hacia los demás despierta en ellos el deseo de devolver el favor. Pero, naturalmente, todo esto hay que hacerlo con buena intención. Debes ser bueno con los demás porque eso es lo correcto, no para manipularlos y que se sientan obligados a darte lo que quieres. Dar y ayudar sin esperar nada a cambio es un verdadero regalo. Cualquier otra cosa no es un regalo, en absoluto. Si das con sincera generosidad, tú mismo obtendrás unos resultados increíblemente positivos.

—Te creo —dije. Me habría gustado pasar más tiempo

con aquel excelente pensador y hombre de negocios que ahora vestía un simple mono de jardinero.

Jackson se sacó otra bolsita de semillas del bolsillo.

—Toma, Blake. Son semillas de unos girasoles muy poco comunes. Para que te acuerdes de que hay que cultivar a las personas. Cree en ellas. Cuídalas. Estímalas. Riégalas. Dales lo mejor que puedas darles. Y ya verás los frutos tan espléndidos que recoges. Ya sé que parece una cursilada, pero es una buena metáfora de una verdad natural del liderazgo. Las personas son el elemento más importante en una empresa con éxito.

—Y las relaciones son una pieza esencial para una vida intensa —añadió Tommy en un tono muy seguro.

Jackson se acercó a mí.

—Abrázame, amigo. Ha sido magnífico conocerte. Se nota que eres un tipo decente, y eso es fundamental en esta época en la que ser auténtico es más importante que nunca. No tengo ninguna duda de que serás un maravilloso Líder Sin Cargo que ejercerá una influencia positiva en la vida de mucha gente. Oye, no olvides plantar esas semillas. Cuando veas las flores que brotan de ellas te quedarás anonadado.

La tercera conversación
de la filosofía del Líder Sin Cargo:

Cuanto más profundas sean tus relaciones, más fuerte será tu liderazgo

LAS 5 REGLAS

Ser servicial
Escuchar
Relacionarse
Valorar la diversión
Estimar y cuidar

ACCIONES INMEDIATAS

Tómate cinco minutos ahora mismo para pensar en la persona que ejerce más influencia sobre ti. ¿Cuáles son las tres cosas que la hacen tan especial? ¿Cómo podrías aplicar esas creencias o comportamientos y modos de ser en tu trabajo y en tu vida a partir de hoy?

CITA PARA RECORDAR

«Nadie puede ser un gran líder si desea hacerlo todo él mismo o adjudicarse todo el mérito.»

ANDREW CARNEGIE

7
La cuarta conversación de liderazgo: Para ser un gran líder, primero hay que ser una gran persona

> Si todos estuviéramos satisfechos con nosotros mismos, no habría héroes.
>
> MARK TWAIN

Empezaba a anochecer cuando Tommy y yo llegamos al Meatpacking, una zona del West Side conocida por sus bares de diseño y sus modernas boutiques. Tommy estaba muy callado. Me di cuenta de que le rondaba algo.

—Blake, amigo —dijo por fin mientras entrábamos en un exclusivo restaurante llamado VuDu—, estás a punto de conocer al último de los cuatro maestros, otra persona muy especial que compartirá contigo el cuarto y último principio de la filosofía del Líder Sin Cargo para que puedas despertar tu líder interior y funcionar al máximo de tu potencial. Después de eso, nuestro tiempo juntos habrá terminado.

No dijo nada más. Apartó la mirada y suspiró.

—Pero te veré en el trabajo todos los días, Tommy —repliqué yo—. Y ya verás cómo me presentaré el lunes por la mañana en la librería. ¡Ya verás! Me siento totalmente distinto. Estoy seguro de que voy a convertirme en la estrella de la tienda —exclamé con entusiasmo.

Tommy permaneció en silencio. Bajó la vista al suelo mientras atravesábamos la entrada del restaurante y luego bajábamos al sótano. En vez de una sala caótica y cutre, era un lugar luminoso y acogedor, con dibujos de arte moderno en las paredes. Recorrimos un pasillo; se oía música y nos cruzamos con gente muy elegante. Pensé que nos dirigíamos a una especie de salón reservado o algo así. No sabía qué se traía Tommy entre manos ni adónde me llevaba hasta que atravesamos una puerta de cristal verde esmerilado en el que se leía: SPA AMBER. Y debajo: JET BRISLEY, MASAJISTA TERAPÉUTICO.

—Prepárate para conocer a tu último maestro, Blake el Grande —dijo Tommy—. Es una persona increíble, pero tenemos que esperar nuestro turno. Como puedes ver, es un tipo muy popular. —Señaló una sala de espera atestada de gente vestida muy elegantemente.

—¿El maestro es un masajista terapéutico? —pregunté.

—Sí. Y uno de los mejores. Desde que lo conozco me ha dado un montón de masajes y me resulta imposible expresar con palabras lo bien que me he sentido después. Jet tiene unas manos mágicas. ¿Te han dado alguna vez un masaje, Blake?

—La verdad es que no.

—Pues ya verás.

—¿Me va a dar un masaje?

—Solo si tienes suerte. Solo si tienes muchísima suerte. Jet es sin duda el masajista más famoso de Nueva York. Todo Wall Street viene aquí a renovarse. Con frecuencia, en esta sala de espera aguardan su turno estrellas de cine y supermodelos. Me han dicho que incluso algunos miembros de la familia real británica han venido a ver a Jet para que los ponga a punto. Es un genio, y uno de los mejores amigos que tengo.

—Entonces, ¿por qué tenemos que esperar turno? —pregunté, sorprendido.

—Porque por encima de todo es un hombre justo, una persona absolutamente íntegra, como cada uno de los maestros que has conocido hoy. Vive para hacer lo correcto, no de una manera fría y aburrida, sino equilibrando lo absolutamente ético con lo absolutamente maravilloso. Suena hasta poético, ¿verdad? —comentó Tommy guiñándome un ojo y dándome una palmada en la espalda.

Unos treinta minutos después estábamos delante de Jet Brisley, superestrella del masaje terapéutico en Nueva York. En cuanto Jet vio a Tommy sonrió de oreja a oreja.

—¡Hola, Tommy! Me preguntaba cuándo vendrías. Me alegro mucho de verte. Qué alegría.

Los dos amigos se dieron un cálido abrazo y luego hicieron como si boxearan. Debía de ser uno de los rituales de su amistad. Yo me quedé mirando cómo saltaban enérgicamente, y fingían que se daban puñetazos como dos niños. Era divertido. Aquel estaba siendo un día realmente inolvidable.

—Supongo que este es Blake, el de la librería —dijo por

fin Jet, tendiéndome las dos manos para estrechar la mía. El típico apretón de manos propio de los políticos curtidos—. Me alegro muchísimo de conocerte —afirmó con genuino afecto.

—El placer es mío, Jet. Menudo club de fans tienes aquí.

—Y no sabes lo agradecido que me siento, Blake. Aunque tengo que admitir que me lo he ganado. Sigo trabajando mucho más duro que la mayoría de la gente que conozcas. Hace falta sangre, sudor y lágrimas para alcanzar sueños, esperanzas y alegrías. Eso de ayudar a los demás a mantener una salud perfecta para que puedan ser Líderes Sin Cargo me viene de familia. Soy la cuarta generación en esta profesión. Yo lo considero un arte. Y me siento totalmente realizado haciendo esto porque sé que nadie puede ser maravilloso en su vida laboral si no se siente maravillosamente bien por dentro. No puedes dar energía a nadie si no tienes energía tú mismo. Hasta que no te sientas realmente bien contigo mismo no podrás hacer que los demás se sientan bien consigo mismos. Mi objetivo es ser cada día mejor en lo que hago para poder ayudar a más personas a ser más fuertes y estar más sanas. Pero basta de hablar de mí. Tenemos que concentrarnos en ti. En primer lugar, me han dicho que serviste en Irak.

—Sí, Jet. Fue toda una experiencia. Cuando me tocó reincorporarme a la vida civil lo pasé muy mal. Los últimos años me he sentido muy desanimado y como estancado. Pero me alegra decir que, después de lo que he aprendido hoy sobre la filosofía del Líder Sin Cargo, ahora veo de una manera muy distinta aquella experiencia. Ahora comprendo que puedo aprender de aquello. Que puedo convertir el tiempo que pasé en la guerra en una oportunidad para alcanzar un nuevo nivel de liderazgo en todo lo que haga.

—Eso es totalmente cierto, Blake. Pero yo quiero agradecerte de todo corazón tu servicio y todos los sacrificios que a buen seguro tuviste que hacer. Tú y los demás soldados hicisteis muchísimo por todos nosotros. Muchas gracias.

—De nada, Jet —repuse, lleno de agradecimiento—. Es maravilloso estar aquí.

—Bueno, y ahora iré al grano, ¿te parece bien?

—Me parece estupendo.

—Supongo que has conocido a la hermosa Anna y habrás aprendido el primer principio de la filosofía del Líder Sin Cargo.

—No hace falta tener un cargo para ser líder —recité.

—Excelente. También habrás conocido a nuestra leyenda del esquí, el carismático deportista profesional Ty Boyd, que te habrá enseñado el segundo principio. ¿Lo recuerdas, Blake?

—Claro. Las épocas turbulentas crean grandes líderes —respondí muy seguro.

—Perfecto. —Jet dio una palmada—. Este chico es un buen alumno, Tommy. Ha aprendido muy bien las lecciones —comentó con una amable sonrisa.

—Lo sé —contestó Tommy, que observaba las obras de arte colgadas en las paredes—. Estoy muy orgulloso de él.

—El tercer principio de la filosofía del Líder Sin Cargo

es que cuanto más profundas sean tus relaciones, más fuerte será tu liderazgo. Estoy seguro de que mi amigo Jackson, el jardinero visionario, te lo enseñó muy bien.

—Aquí tengo las semillas que lo demuestran —dije yo, sacando una del bolsillo.

Jet sonrió de nuevo.

—Sí, Jackson es un gran tipo. Y ahora has llegado a mí. Yo te enseñaré el cuarto y último principio, Blake. Y tal vez el más importante. Lo digo con toda humildad, pero así lo creo. Este principio es la base que sostiene toda la estructura. No podrás ser un Líder Sin Cargo a menos que entiendas bien esta lección.

—¿Y cuál es ese principio? —pregunté, impaciente.

—Antes de que lo comparta contigo ¿puedo hacerte una pregunta?

—Claro.

—¿Qué pensarías de un deportista profesional que en una entrevista afirmara que ha decidido no volver a entrenar, no practicar más, no prepararse más, pero que aun así está seguro de que seguirá siendo una superestrella en su especialidad?

—Pensaría que está un poco loco —respondí con sinceridad.

—Justo. —Jet asintió con la cabeza—. No tiene sentido, ¿verdad? Sin embargo, antes de ir al trabajo con la esperanza de rendir al máximo en los negocios, ¿cuántos de nosotros dedicamos tiempo a entrenar, a practicar, a prepararnos?

—Poca gente lo hace, es verdad —admití.

—Exacto. Y a pesar de todo esperan obtener buenos resultados. Lo mismo que ese loco deportista profesional que pretende ganar un título sin haberse preparado para ello. El último principio del Líder Sin Cargo insiste en la importancia de entrenar y fortalecer tu líder interior para que logres rendir de una manera extraordinaria en tu trabajo y acumules tanta energía en tu interior que llegues a ser prácticamente invencible ante los cambios profundos y la presión constante.

—Es fascinante, Jet. Cuando iba al colegio, jugaba al fútbol y me encantaban los deportes, así que comprendo la metáfora del deportista. Y, pensándolo bien, es muy cierta. Yo no entreno para alcanzar mi mejor rendimiento antes de ir a la librería, y sin embargo luego me pregunto por qué mis resultados no son espectaculares. Supongo que no asumo una responsabilidad personal por mis acciones. Cada vez veo más claro que me he estado haciendo la víctima.

—Para ser un gran líder, primero hay que ser una gran persona. Es así de sencillo. Una organización excelente no es más que un grupo de personas que hacen todo de manera excelente. A medida que tus compañeros y tú despertéis vuestro líder interno y deis lo mejor de vosotros mismos, la compañía se alzará automáticamente hasta su más alto nivel. ¿Te parece lógico? —preguntó Jet con entusiasmo.

—Totalmente lógico.

—La grandeza exterior empieza en el interior. No podrás alcanzar un rendimiento máximo en el trabajo hasta que sientas que estás rindiendo al máximo como persona.

No podrás mostrar una resistencia de primera ante la competencia si no tienes una gran resistencia mental. Y no podrás despertar lo mejor de tus compañeros si antes no has conectado con lo mejor que hay en ti mismo. La última lección trata del liderazgo personal. Sé líder de ti mismo en primer lugar. Solo entonces serás capaz de liderar a los demás. Dedícate a ponerte tan fuerte por dentro que desde fuera se vea que estás hecho a prueba de fallos. Trabaja con verdadero ahínco en ti mismo para que el tesoro oculto en tu interior comience a revelarse al mundo que te rodea.

Empieza por eliminar tus creencias negativas y tus falsos supuestos sobre la clase de líder en que te puedes convertir y los logros que puedes alcanzar. Toma plena conciencia de ti mismo, alcanza una profunda relación con tu potencial dormido, tus mayores ambiciones y tus metas más elevadas. Realiza el trabajo interior necesario para fortalecer tu carácter, purificar tus intenciones y magnificar tus actos. Entrénate con ganas para mantenerte en forma, de manera que cada día te sientas lleno de energía y vitalidad. El éxito es de las personas enérgicas, ya sabes.

—Desde luego ahora lo entiendo muy bien —dije.

—Convertirte en una gran persona y en tu propio líder implica limpiar la dimensión emocional de tu vida interior, dejar atrás cualquier resentimiento que guardes, soltar el lastre de tu pasado. Ese peso no hace más que retrasarte, bloquea la grandeza que llevas dentro e impide que se exprese. Además, el auténtico liderazgo exige que trabajes tu vida espiritual, Blake, que despejes la conexión con la parte más elevada de tu ser y de ese modo puedas dedicar tus mejores años en el trabajo a dejar una huella que perdure después de tu muerte.

—¿Mi muerte?

—Sí, Blake. La vida es un parpadeo. Piensa en ello y comprenderás que no es más que un fugaz destello. El momento de pensar en tu legado, en cómo quieres que te recuerden, no es tu último día, sino ahora. Así podrás revivir tu vida hacia atrás y asegurarte de que tiene un buen final.

—Nunca había pensado en eso —murmuré; la fuerza de aquella idea, que todos deberíamos esforzarnos por tener «un buen final», me sorprendió. Un escalofrío me recorrió la espalda.

—Por desgracia, casi nadie comprende qué es de verdad el trabajo, y también la vida, hasta que ya es demasiado tarde —prosiguió Jet—. La mayoría de la gente no descubre cómo hay que vivir hasta que llega el momento de su muerte. Mucha gente vive los mejores años de su vida como en coma. No es realmente consciente de lo que de verdad importa en la vida: liderar, realizar nuestro potencial y contribuir a cambiar el mundo a través de nuestro trabajo y nuestra mejora personal. Y entonces, frente a la muerte inminente, estos sonámbulos se ponen por fin a excavar, apartan lo superficial y se dan cuenta de que al nacer recibieron magníficos dones, preciosos talentos y la responsabilidad de pulir su genio para que pudiera expresarse a lo largo de su vida. Y, en el proceso, elevar las vidas de todos los que los rodeaban. Pero cuando averiguan todo esto es demasiado tarde para hacer nada. De manera que mueren sin haberse realizado.

Yo escuchaba con suma atención cada una de sus palabras. Jet parecía un hombre sabio.

—En este mundo materialista, perseguimos títulos, coches caros y abultadas cuentas bancarias en nuestra búsqueda de grandeza cuando, en realidad, tenemos todo aquello que realmente deseamos. La excelencia y la felicidad que tanto ansiamos están en nuestro interior. Buscamos en el sitio equivocado: en la posición social o laboral o en cosas como el dinero. Pero somos polvo y en polvo nos convertiremos, Blake. Y al barrendero lo enterrarán junto al director ejecutivo. La carrera, el prestigio y los títulos universitarios no importan nada al final. Lo único que de verdad cuenta es haber llegado a ser todo lo que podías ser y haber ejercido el liderazgo utilizando tu potencial para contribuir positivamente en la vida de otros seres humanos. Y todo eso empieza en tu interior. Entonces lo mejor de ti brillará.

—¿Qué quiere decir eso de que todo lo que deseamos ya lo tenemos, Jet? Yo, desde luego, estoy decidido a ser un Líder Sin Cargo, a ser excepcional en mi trabajo, pero debo confesar que quiero tener una bonita casa, mejores cosas y un coche nuevo. Ahora no poseo nada de eso. Sé que si ejerzo un auténtico liderazgo conseguiré todas esas cosas, pero ahora no las tengo.

—Con todo respeto, Blake, déjame que te diga que no pienso que quieras realmente esas cosas que mencionas.

—Sí que las quiero —insistí.

—No, no las quieres —repitió Jet en tono amistoso—. Creo que lo que de verdad quieres es lo que sentirías teniendo esas cosas: satisfacción, gratitud y paz interior. Y yo lo que digo es que si trabajas tu vida interior, lograrás extraordinarios resultados en tu vida exterior. Lidérate a ti primero.

—Muy interesante —observé.

Comprendí que Jet tenía razón. En nuestro mundo definimos el éxito por las cosas que tenemos, y no por nuestra valía personal. En lugar de medir nuestro progreso según las vidas en las que hemos influido, lo medimos según el dinero que ganamos y los ascensos que conseguimos. De pronto pensé que, como sociedad, nos estábamos centrando desgraciadamente en las cosas equivocadas, que habíamos perdido de vista lo que es el auténtico éxito. No era de extrañar que la mayoría de la gente fuera infeliz. No era de extrañar que tanta gente decidiera anestesiarse comiendo demasiado, viendo demasiado la televisión o durmiendo demasiado. Buscamos unos objetivos que nunca nos harán felices.

—No es nada malo tener cosas buenas —aclaró Jet, tendiéndonos unas botellas de agua—. Yo soy un esteta. ¿Sabes lo que eso significa, Blake?

—Pues no.

—Un esteta es alguien que ama la belleza. Me encanta estar rodeado de cosas hermosas. Los muebles de este spa son de primera clase. Lo que como es de primera calidad. Y la ropa que visto proviene de las boutiques más exclusivas de Nueva York. Hace mucho tiempo me hice la promesa de pasar por la vida con cosas de primera clase. Y como me siento rico, me he hecho rico.

—¿Eres rico? —pregunté, sorprendido de que un masajista pudiera ganar tanto dinero.

—Sí, Blake. Cuento con un equipo de ayudantes bastante grande. Tenemos otros cinco locales para atender a otras comunidades. Y formamos a muchísima gente que quiere entrar en esta profesión. El spa y mi negocio me han dado libertad económica, y así la belleza viene conmigo dondequiera que voy. Me encantan las cosas buenas de la vida. Adoro la buena música. Cuando estoy de vacaciones hago magníficos viajes. Y bebo el mejor vino. La vida es demasiado corta para tomar vino malo —añadió guiñando un ojo—. Pero la clave es esta: esas cosas no definen lo que soy. No estoy apegado a ninguna de ellas. Las poseo yo, no me poseen ellas a mí. A ver, soy humano, así que las cosas buenas hacen que me sienta bien. No hay nada malo en tener una vida exterior hermosa, que quede claro. Eso ayuda a que el viaje sea mejor. Pero no utilizo mis posesiones para definirme. Si aquello que poseemos constituye los cimientos de lo que somos y nuestra identidad en el mundo, tendremos serios problemas.

—¿Por qué?

—Porque si perdemos esas cosas, nos perdemos nosotros mismos. Así que a mí me encantan las cosas buenas y los placeres materiales que el mundo ofrece. Pero no soy un esclavo de todo eso. Vivo lo mejor posible cada día y adoro la vida. Lo que yo soy es mucho más importante que lo que tengo. Y el impacto que ejerzo sobre mis compañeros, mis clientes y mis seres queridos mediante mi ejemplo positivo es para mí mucho más importante que la cantidad

de dinero que gano. Y por cierto, Blake, si te concentras en ganar dinero, no te concentrarás en hacer un gran trabajo, que es justo lo que te dará más dinero.
—Muy interesante, de verdad.
—Lo que quiero decir es que para convertirte en un extraordinario Líder Sin Cargo tienes que empezar por esforzarte con todo tu ser en convertirte en una persona extraordinaria. Lo bueno es que es imposible crecer interiormente sin que se produzca un crecimiento correspondiente en el mundo exterior. Así que trabajar en uno mismo es el Trabajo Número Uno.

Tanto énfasis en la necesidad de labrarse una excelente vida interior como prerrequisito a un liderazgo de primera clase me sorprendió. La mayoría de los libros de empresa mencionan la importancia del dominio personal solo de pasada, de manera que nunca había pensado que fuera algo vital para tener éxito en el trabajo.

—Si accedes al poder natural de liderazgo que llevas dentro, si permites que despierte, todo lo que toques quedará transformado. A medida que conozcas mejor tu verdadera naturaleza y te conviertas en una persona más segura, más creativa y mejor, tu interacción con los demás alcanzará nuevos niveles de grandeza.

—Sí, eso tiene sentido —reconocí—. Al tener más fe en mis capacidades, más valor para persistir en la persecución de mis objetivos, más pasión y energía, es lógico pensar que realizaré un trabajo fantástico y lograré mejores resultados. Cuanto mejor persona sea, mejor será todo lo que haga.

—Sí. Pero en muchos aspectos el objetivo no es tanto

llegar a ser mejor persona, Blake. Tú eres perfecto tal como eres. La verdadera misión es recordar, más que mejorar.

—No sé si te sigo.

—Eres perfecto tal como eres —repitió Jet—. El autoliderazgo no consiste en mejorar, pues no hay nada malo en ti. Consiste en recordar. Recordar tu líder interior y fortalecer todos los días tu relación con él. El autoliderazgo tiene mucho que ver con reconectar con la persona que fuiste una vez, con tu auténtica naturaleza.

—¿Cuál es mi auténtica naturaleza?

—Cuando eras pequeño lo sabías. Cuando eras muy joven y la sociedad no te había enseñado a negar tus sueños, a ahogar tu genio y apagar tu pasión. En aquel entonces no te daba miedo correr algunos riesgos, aprender cosas nuevas y sentirte absolutamente cómodo siendo como eras. De niño eras consciente de tu poder natural de liderazgo. Estabas despierto a la vocación de lograr tus objetivos, realizar grandes cosas y vivir la vida como una gloriosa aventura. Pero a medida que crecías pasó algo terrible: el mundo que te rodeaba comenzó a transformarte. La programación de tus padres, tus compañeros y la sociedad comenzó a alejarte de lo mejor de ti mismo. Los mensajes de la masa te enseñaron a no ser original, a negar tu visión particular, a disminuir tus ambiciones.

—Tienes razón, Jet —dije, emocionado—. Quiero recuperar mi poder natural: mi poder para dirigir, para ejercer mi influencia y para mejorar todo lo que toque —añadí, utilizando las palabras que había aprendido de Anna.

—El liderazgo personal, es decir, dirigir desde dentro

hacia fuera para que tu grandeza pueda asomar, es la base de la excelencia, Blake. Por desgracia, como te decía, hoy es un valor que se ha perdido. Hemos olvidado valorar la propia maestría como el medio que nos permitirá alcanzar la maestría en el liderazgo. Hemos olvidado que si todas las personas que forman una organización se elevan a una categoría de primera clase en su manera de pensar, de sentir y de comportarse, la organización en sí alcanzará también una categoría de primera clase. Parece que hoy lo único que nos importa es la gratificación externa: más títulos, más dinero, más cosas. Todo ello para recibir la aprobación de la sociedad, en lugar de nuestra propia aprobación. Es una pérdida de tiempo y talento.

—Pero con eso no estás diciendo que haya algo malo en poseer títulos, ganar dinero o tener cosas buenas, ¿no? —pregunté para asegurarme.

—Ya te he dicho que no, Blake. Mira, la filosofía del Líder Sin Cargo no significa que las organizaciones tengan que prescindir de sus jerarquías. Eso llevaría al caos absoluto. Y yo soy el primero en afirmar que uno de los objetivos primordiales de un negocio es lograr fantásticos beneficios. Pero también existen otras prioridades —aseveró Jet en tono relajado. Cogió una manzana de un frutero que había en el mostrador y le dio un mordisco—. Coged lo que queráis, chicos —nos invitó, amable—. Los deseos del ego no engrandecen una organización ni te hacen más feliz como persona. En absoluto. He conocido a varios millonarios en este spa. Vienen con sus trajes de Zegna y sus relojes Patek Philippe. Charlamos y acaban sincerándose conmigo.

La mayoría de los ricos a los que he conocido no son realmente felices. Hay mucha gente rica que lo único que tiene es dinero. En realidad, si lo piensas bien, son bastante pobres. La pobreza no es solo la carencia de dinero, es la carencia de cualquier cosa. Y muchos individuos de las altas esferas no se respetan a sí mismos, no saben lo que es bienestar, no tienen buena salud y no se sienten realizados.

—Son ideas muy profundas, Jet —comenté, cogiendo también yo una manzana.

—Por eso insisto en que para ser un gran líder, primero hay que convertirse en una gran persona. Lidérate a ti mismo, Blake. Solo entonces podrás liderar a otros e influir en los que te rodean mediante tu ejemplo. En esta cultura que solo da importancia a lo exterior, tú debes empezar por dentro. Y recuerda que la grandeza es algo interno que tiene consecuencias externas. Una vez despiertes tu líder interno, te garantizo que triunfarás en el éxito en el mundo exterior.

Jet guardó silencio un momento, sumido en sus pensamientos.

—Ayer vi que entraba en el restaurante de arriba un chaval acompañado de sus padres. ¿Sabes lo que ponía en su camiseta?

—Ni idea.

—Ponía: «Soy fantástico de nacimiento». ¿A que es maravilloso? Soy fantástico de nacimiento. Casi todo el trabajo mediocre, casi todas las vidas fracasadas se deben al infortunado hecho de que la mayoría de la gente ha desconectado de su grandeza interior —declaró Jet riéndose; luego dio otro mordisco a su manzana.

—Qué gran verdad —observó Tommy con una sonrisa.

—Todos, absolutamente todos, llevamos la grandeza dentro de nosotros. Tenemos talento, tenemos un potencial que si lo explotamos nos permitirá brillar con una luz extraordinaria. No hay personas especiales en el planeta. Tommy, tú, yo y todas las personas que nos rodean estamos hechos para liderar y para alcanzar un éxito impresionante. Pero nos han lavado el cerebro, nos han hecho dudar de nuestra valía, nos han enseñado a quedarnos pequeños en lugar de soñar a lo grande, hemos perdido la noción de lo que somos realmente. Hemos desconectado de nuestra naturaleza esencial. Hemos enterrado lo mejor de nosotros mismos bajo capas de inseguridad, dudas y miedos. Tú eres fantástico de nacimiento, Blake. ¡Sé consciente de esa verdad! —exclamó Jet al tiempo que alzaba la mano para chocar los cinco conmigo.

Los tres nos echamos a reír. Me encantaba estar con estos dos amigos, tan positivos, tan llenos de fe, tan auténticos. Supongo que el liderazgo consiste en gran parte en eso: en hacer que la gente se sienta mejor consigo misma y en recordarle que, tal como decía la camiseta de aquel chico, son personas fantásticas.

—Así que empieza a conocer al líder que llevas dentro. Ese es el secreto de un gran rendimiento tanto en el trabajo como en tu vida personal. A mí me resulta inconcebible que tantos hombres de negocio intenten dirigir a otros sin haber empezado a dirigirse a sí mismos. Por supuesto, acaban inevitablemente saboteando sus propios esfuerzos porque siguen aferrados a sus creencias restrictivas, a sus comportamientos negativos y a sus barreras personales. Allá donde vayas, llévate a ti mismo contigo. Si no sientes respeto por ti mismo, si tienes un carácter débil o estás lleno de miedos, por mucho que intentes hacer en tu trabajo, nunca pasará nada. Pero si empiezas a limpiar esa parte de ti que no es ideal, los resultados serán explosivos. Empieza a trabajar en ti hoy mismo, Blake. Porque la vida no espera a nadie. No dejes para mañana lo que puedas hacer hoy. Puede que mañana nunca llegue. Esa es la realidad. Lo cual me lleva a mi acrónimo y a las cinco reglas para esta cuarta y última lección de liderazgo.

—Estoy deseando saber cuál es tu acrónimo, Jet —repliqué encantado.

—SHINE, es decir, «brillar». Para lograr el liderazgo y la maestría personal, hay que hacer cinco cosas básicas.

—Genial.

—Trabaja en estas cinco ideas para despertar tu líder interior y que tu vida interior crezca todos los días, Blake. Igual que un deportista profesional entrena todos los días para llegar a ser el mejor, tú deberías practicar también todos los días para sacar lo mejor de ti mismo. Los primeros cuarenta días serán los más difíciles.

—¿Por qué?

—Porque durante ese período inicial de transición te hallarás en el proceso de crear nuevos hábitos. Estarás abandonando la manera cómoda y conocida en que hacías las cosas, estarás dejando atrás comportamientos que ya no te sirven para alcanzar la maestría personal. Durante esos primeros cuarenta días, establecerás nuevos patrones y, literalmente, cambiarás las conexiones de tu cerebro mientras recalibras tus controles internos. De manera que es natural pensar que algo no va bien, pero ese no es el caso. Lo único que pasa es que estás cambiando y creciendo. En realidad, todo es perfecto. Tus viejos hábitos de pensamiento y conducta deben desintegrarse antes de poder integrar mejores formas de pensar y actuar.

—Sí, Ty ya me enseñó algo de eso. Aprendí que el cambio crea trastorno, pero que el trastorno es necesario para crecer y convertirte de verdad en líder.

—Exacto. Y a medida que te expandas personalmente, experimentarás la destrucción de tu antigua personalidad. Pero la destrucción es en realidad algo muy especial.

—¿De verdad?

—Desde luego. Hay que destruir y abandonar los antiguos métodos para que puedan aparecer nuevas y mejores maneras de pensar y de actuar. Hay que limpiar lo que ya no sirve y hacer sitio para que aparezca algo mejor.

—Eso también me lo enseñó Ty. Me dijo que los avances hacia todas las cosas buenas que nos esperan no se darán si no se destruyen las viejas estructuras que nos limitan.

—Bueno, nuestro esquiador es un hombre sabio. Para asimilar las nuevas y mejores creencias y comportamientos es preciso desintegrar las viejas y débiles. Así que concede a estas cinco reglas por lo menos cuarenta días para que se conviertan en un hábito natural. Enfréntate al desafío cada uno de esos cuarenta días. ¡No te rindas!

—Me gusta eso. El Desafío de los Cuarenta Días.

—Es una de las claves para realizar cambios reales y perdurables, junto con la importancia de realizar pequeñas y regulares mejoras todos los días en lugar de mejoras enormes y súbitas que te llevarán al fracaso.

—Mejoras pequeñas y diarias que con el tiempo darán increíbles resultados —recité, orgulloso.

Jet sonrió.

—Veo que lo has pillado. Las pequeñas victorias se van acumulando y con el tiempo conducen a asombrosos resultados.

—¿Qué significa SHINE?

—La S te recordará que hay que Saber percibir. Para ser un líder hay que percibir con claridad las condiciones y las circunstancias que nos rodean. Todos tenemos fallos en nuestra percepción. Todos tendemos a mirar a través de nuestros puntos ciegos y nuestras creencias limitadoras. A menudo vemos las situaciones con los ojos del miedo y no a través de la lente de la oportunidad. Y esos fallos en la percepción nos mantienen estancados en la mediocridad. Lo que pretendo decirte, Blake, es que en muchas ocasiones lo que creemos ver no es en realidad lo que estamos viendo. Pero muy poca gente realiza el trabajo interior que es necesario para reconocer una mala interpretación de la realidad. No somos conscientes de nuestros puntos ciegos. No vemos el mundo tal como es sino tal como nosotros somos. No somos conscientes de aquello que no conocemos.

—¿Lo dices en serio? ¿La mayoría no vemos bien la realidad? —pregunté sorprendido.

—Totalmente en serio. Si estás lleno de miedos y dudas,

todos los días, cuando vayas a trabajar, proyectarás tu estado interno hacia tus condiciones externas. Pasarás por alto las oportunidades de crecer y triunfar en la librería. Te cuestionarás tu capacidad para influir positivamente en los demás y dejar tu huella. Trabajarás para sobrevivir, no para crecer. Y todo esto sucederá no por cómo son las circunstancias reales en el trabajo, sino por cómo es tu vida interior y la forma de procesar la realidad a través de tu contexto personal. Para que lo entiendas bien, piensa en una vidriera. Todos percibimos la realidad a través de nuestra vidriera particular, que no es más que un filtro por el que pasamos todas nuestras experiencias.

—¿Y de qué está hecha esa vidriera, Jet? —pregunté, fascinado por todo aquello.

—Está hecha de las creencias, las reglas y los hábitos que te enseñaron tus padres, tus profesores, tus compañeros y cualquier otra influencia que te ha moldeado desde que naciste. Y está forjada por cada conversación que has mantenido, por cada una de tus experiencias. Todo eso ha creado una historia en la que tú crees, una historia que te dice cómo funciona el mundo y cuál es tu papel en él. Recuerda que no vemos el mundo tal como es, sino tal como somos nosotros. Si tu vidriera es un desastre, tu vida será un desastre. Si en tu vidriera hay una creencia que afirma que es imposible ser líder si no tienes un cargo, no serás líder si no tienes un cargo. Si tu vidriera contiene una regla que establece que no te puedes fiar de la gente, o que tu trabajo no tiene sentido, tu comportamiento se adecuará a estas interpretaciones del mundo. Pero la idea sobre la que quiero que reflexiones de verdad es esta, Blake: ¿y si la historia que te estás contando es absolutamente falsa? —preguntó Jet mientras tomaba asiento en una butaca.

—Venga ya. Eso es difícil de creer —discutí.

Jet seguía tan tranquilo.

—Solo quiero que no te cierres a la idea de que el liderazgo consiste en desarrollar altos niveles de autoconciencia y en pensar de manera constante en la precisión de tu pensamiento. Considera sencillamente que tus pensamientos diarios no son más que meros reflejos del sistema de creencias con el que te programaron tus padres, tus compañeros, tus maestros y cualquier otra influencia que haya dado forma a tus percepciones.

—Esa es una idea revolucionaria. Supongo que sí que me han impulsado a pensar de una manera determinada. Todos estamos condicionados para aceptar un determinado sistema de creencias, y las tenemos tan presentes que hemos llegado a considerarlas una verdad.

De pronto, Jet se levantó y se acercó a Tommy para darle un masaje en los hombros.

—Gracias, amigo —dijo Tommy—. Lo necesitaba.

Jet siguió hablando mientras le daba el masaje.

—La mayor parte de nuestros pensamientos no son en realidad pensamientos sino una repetición inconsciente de ideas que llevamos regurgitando desde que éramos pequeños. Es triste, pero la mayoría de la gente no ve la realidad —repitió Jet—. Y eso nos mantiene estancados en la mediocridad tanto en el trabajo como en nuestra vida personal. Pero estamos hechos para pensar de manera brillante y ver con los ojos de la posibilidad, no para pensar mal y ver con los ojos del miedo.

—Nunca se me había ocurrido que mi pensamiento y mi percepción del mundo exterior pudieran ser tan defectuosos. —Estaba verdaderamente sorprendido ante aquella afirmación de que mi forma de ver las circunstancias era el producto de un filtro mental y de una historia personal de la que yo mismo me había convencido, no el reflejo de una realidad objetiva.

—Es algo que le pasa a casi todo el mundo, Blake. Tienes que ser consciente de lo importantísimo que es tu pensamiento. Tu forma de pensar crea tu realidad. Tus pensamientos dirigen tus acciones. Lo que nos impide crecer en el liderazgo y en la vida no es la realidad externa, sino nuestros patrones internos de pensamiento y nuestro comportamiento ante esas condiciones. Debemos deshacernos de nuestros programas defectuosos. El verdadero liderazgo implica romper los límites de tu mente para poder acceder a las más altas cumbres de tu espíritu.

—¿Y cómo empiezo a romper mis barreras mentales?

—En primer lugar, volviendo a la metáfora del deportista, tienes que empezar a pensar como un campeón. Tienes que asumir que eres totalmente responsable de tus pensamientos, y eso significa que debes comprender que tu mente no es lugar para pensamientos negativos. Los ejecutivos suelen burlarse de la idea de pensar en positivo. Le quitan importancia, dicen que eso no tiene lugar en el mundo empresarial. Pero se equivocan por completo. Cualquier empresa es el resultado directo del comportamiento colectivo de las personas implicadas. Toda acción es hija de un pensamiento. Lo que quiero decir con esto es que tu forma de pensar determina tu comportamiento, y este, a su vez, determina tus resultados. Un trabajo de primera clase es obviamente el resultado de un pensamiento de primera clase.

—Dicho así parece muy sencillo. —Empezaba a asimilar todas aquellas ideas.

—Un solo pensamiento negativo es como un germen en tu mente que atraerá a más gérmenes. Y antes de que te des cuenta tendrás la mente infectada. No verás con claridad, no pensarás con claridad. Empezarás a ver todo lo malo y no lo bueno. La infección te hará buscar problemas en lugar de ofrecer soluciones. La enfermedad te forzará a dejar de seguir innovando, te apartará de la excelencia, te hará negar tu grandeza. La enfermedad te llevará a comportarte como una víctima en lugar de rendir como un líder. Si queremos ser Líderes Sin Cargo, no podemos permitirnos el lujo de tener siquiera un solo pensamiento negativo.

—¿Me estás diciendo que el pensamiento negativo es una enfermedad?

—Lo es, Blake. Es una señal evidente de una mente enferma. Si tu mente está sana, tu vidriera estará limpia. Serás absolutamente consciente de tu genio interior y de la brillante luz que estás destinado a ser. Los que se ríen de la idea del pensamiento positivo deberían realizar un estudio sobre las estrellas del deporte, sobre los campeones legendarios. Las grandes figuras saben que el pensamiento guía nuestros actos. Manejan a la perfección su pensamiento, se centran solo en la victoria, no prestan atención a la amenaza de la adversidad. E incluso cuando pierden, procesan la experiencia de manera que la consideran un bien. Para ellos lo que otros llaman fracaso es una oportunidad para hacerse más fuertes y para comenzar de nuevo con una actitud que los hará aún mejores. Recuerda sobre todo que cuando permites que un pensamiento negativo entre en tu mente, das comienzo al proceso de atraer a ella otros pensamientos negativos.

—Como un germen que se multiplica y al final crea una infección —cité.

—Sí, Blake. El gran líder Gandhi lo dijo muy bien: «No permitiré que nadie camine por mi mente con los pies sucios». Así que cada vez que tu mente te lleve a pensamientos negativos, guíala suavemente hacia pensamientos que reforzarán tu compromiso a ejercer el liderazgo y actuar de forma excelente. Cada vez que tu mente se centre en las dificultades, entrénala para que se concentre solo en las oportunidades. Y, por favor, recuerda que alcanzarás tus expectativas. Por decirlo de otra manera, tus expectativas en el trabajo y en tu vida se convertirán en profecías que se cumplirán. Los resultados que esperas son los resultados que verás. Recordar esto es importantísimo. Si crees que la gente en el trabajo no te apoyará o te decepcionará, te comportarás de manera acorde con esa creencia. Te cerrarás para proteger tu territorio. Trabajarás en un compartimiento estanco en lugar de colaborar para hacer un trabajo en equipo. Y, debido a tu comportamiento, tus compañeros pensarán que eres una persona fría, competitiva y poco digna de confianza, y entonces, por supuesto, no te apoyarán. Es decir, tus expectativas se habrán cumplido.

»Te voy a dar otro ejemplo. Si crees que jamás lograrás destacar en la librería en la que trabajas, jamás adoptarás un comportamiento que te permita destacar. Nunca actuamos de manera inconsecuente con la imagen que tenemos de nosotros mismos. Los seres humanos siempre nos comportamos de forma coherente con nuestras expectativas.

—Y nuestra vidriera —apunté.

—Eso es —me animó Jet—. Todos tus pensamientos son creativos. No puedes permitirte el lujo de tener un solo pensamiento negativo, porque cada pensamiento crea algo y te lleva a obtener algún resultado en el mundo exterior. Todo lo que pienses generará una consecuencia.

—Nunca he reflexionado demasiado sobre mi forma de pensar. Siempre ha sido algo automático. Creía que no tenía un control real sobre mis pensamientos, sino que sencillamente aparecían en mi mente.

—Eso es lo que cree casi todo el mundo, Blake. Llevamos pensando lo mismo tanto tiempo que nuestra forma de pensar se ha convertido en un hábito profundamente implantado sobre el que creemos que no podemos ejercer ningún control. Como nos hemos contado nuestra vieja historia tantas veces y hemos ejecutado nuestros antiguos programas mentales durante tantos años, estos han derivado en algo automático e inconsciente. Pero eso no significa que no tengamos dominio sobre ellos. No significa que no podamos transformarlos en hábitos mentales que sirvan a nuestro potencial de liderazgo. ¡Sí que podemos! Tenemos un dominio absoluto sobre nuestros pensamientos. Y cuanta más responsabilidad asumas sobre cada uno de tus pensamientos, más poderoso serás como pensador y como líder. Lo que nos hace humanos es nuestra habilidad para pensar sobre nuestro propio pensamiento. Ahora mismo, en este momento, puedes reflexionar sobre las creencias y los pensamientos que llenan tu mente cada día. Y a medida que pases más tiempo en silenciosa reflexión, tu conciencia sobre lo que piensas aumentará: al ser más consciente de cuáles son los pensamientos que ya no te sirven, podrás tomar mejores decisiones. Y con mejores decisiones, naturalmente, obtendrás mejores resultados. Cuanto más sepas, mejor te irá.

—¿Así que mis pensamientos son creativos?

—Claro —respondió Jet—. Como dijo Berry Gordy Jr, el legendario fundador de Motown Records: «Un triunfador lo es antes de triunfar». Al convertirte en un pensador soberbio y al creer en tu propia grandeza, crearás literalmente lo que estás pensando. El político Benjamin Disraeli lo expresó así de bien: «Es la creencia en lo heroico lo que crea al héroe». Libera tu mente y verás como empiezan a pasar cosas absolutamente extraordinarias.

—Perfecto. Y eso que has dicho de pasar un rato todos los días en «silenciosa reflexión» es una idea que me gusta.

—Si de verdad quieres despertar tu líder interior para empezar a ver resultados espectaculares en tu vida, Blake, te aconsejo que hagas esto todos los días: levántate una hora más temprano y dedica esos sesenta minutos al trabajo interior. Será un ritual de calibración matutino, un tiempo que te concedes para practicar y prepararte. Los deportistas profesionales se entrenan todos los días para poder ganar cuando salgan al campo. Este será tu tiempo personal para entrenarte, para que puedas dar lo mejor de ti mismo cuando salgas a trabajar. Antes de despegar, los pilotos realizan un ritual: comprueban el plan de vuelo, ajustan los controles, evalúan el panel de instrumentos. Y solo entonces están listos para volar. Pues lo mismo se aplica a cualquier Líder Sin Cargo. Si quieres volar y dar alas a tu genio, necesitas realizar un ritual matutino de preparación. Es el momento de reajustarte, de comprobar el plan de vuelo del día, de reconectar con tus valores fundamentales, de renovarte y regenerarte. Es el momento de trabajar en tu mente, de fortalecer tu cuerpo, de nutrir tu vida emocional y tu dimensión espiritual. Con esta disciplina diaria lograrás maravillas en tu carrera profesional y en cualquier otro aspecto de tu vida. Te sentirás motivado como nunca. Restaurará el equilibrio entre el trabajo y la vida. Te encenderá de pasión y te ayudará a ver de nuevo el mundo como algo fantástico. Recuerda que, si te sientes bien y tu vida interior está en forma, esa maestría personal se reflejará en todo lo que toques.

Jet me llevó entonces a una de las salas de tratamiento. Tommy nos seguía.

—Blake, te va a encantar —dijo Tommy con una sonrisa.

—¿Alguna vez te han dado un masaje? —me preguntó Jet mientras desplegaba una sábana.

—Pues no —contesté, no demasiado seguro de lo que podía esperar.

—Bien, permíteme que te dé uno. Sé que ha sido un día muy intenso para ti, y un buen masaje te ayudará a relajarte.

—Vale.

Me tumbé en la camilla y Jet comenzó a masajearme el cuello y la espalda. El estrés con el que cargaba desde hacía años pareció disiparse de inmediato. Tommy tenía razón: Jet tenía unas manos mágicas.

—Te voy a sugerir siete prácticas para tu Hora de Liderazgo Personal de todas las mañanas. No tienes que hacer las siete cada día. En realidad sería casi imposible. Pero quiero compartirlas contigo porque forman lo que yo llamo la Caja de Herramientas del Liderazgo Personal. Estos siete ejercicios, los Siete Fundamentales, son las herramientas más poderosas para cualquiera que desee despertar su líder interior y dar lo mejor de sí mismo. Si los practicas persistentemente durante el período de entrenamiento matutino, obtendrás unos resultados increíbles en la librería y en cualquier otra dimensión de tu vida. Por el contrario, si descuidas regularmente estos Siete Fundamentales, empezarás a caer en la negligencia y ese enemigo llamado mediocridad se convertirá en tu compañero constante.

Jet comenzó a masajearme la espalda con más energía.

—Tienes un montón de nudos, Blake. Deberías darte un masaje de vez en cuando. Tu salud y tu energía se beneficiarán enormemente. Y además te sentirás mucho más feliz.

—Estoy totalmente de acuerdo —intervino Tommy con

entusiasmo. Estaba apoyado contra la pared, jugueteando con su pelo y mirando el reloj de Bob Esponja.

—Si la calidad de tu trabajo no alcanza la primera clase, es porque has descuidado alguno de los Siete Fundamentales —prosiguió Jet.

—¿Y cuáles son esos siete ejercicios? —pregunté, muy relajado en la camilla.

—Ten —dijo Jet—, los he escrito para ti en esta tarjeta. Llévatela. Y todas las mañanas, durante tu Hora de Liderazgo Personal, escoge algunos de los ejercicios de la lista. Ah, otra cosa, te recomiendo encarecidamente que comiences esa hora de autodesarrollo a las cinco de la mañana todos los días. Como te he dicho, te costará unos cuarenta días adquirir este nuevo hábito. Durante cuarenta días sentirás algo de estrés, estarás malhumorado y cansado. Te dirás excusas del tipo: «Esto no puede ser saludable» o «Me sienta fatal levantarme tan temprano» —comentó Jet riéndose—. Pero recuerda que no pasa nada, que todo eso es una parte necesaria del proceso de crecimiento y de instauración de un nuevo hábito. Al cabo de cuarenta días te parecerá de lo más natural levantarte a las cinco de la mañana para realizar tu trabajo interior.

—¿A las cinco de la mañana? —pregunté, incrédulo—. Me recuerda un poco a la instrucción básica militar.

—Es que es instrucción básica, Blake. Es un entrenamiento básico para alcanzar tu máximo nivel de liderazgo.

Yo miré la tarjeta mientras Jet encendía las luces de la sala de masajes.

Los 7 Fundamentales del Liderazgo Personal

1. **Aprendizaje.** Lee libros que te inspiren, fortalezcan tu carácter y te recuerden el ejemplo de los mayores líderes del mundo. Escucha también audiolibros sobre temas como la excelencia en los negocios, el espíritu de equipo, la innovación, el bienestar, las relaciones y la motivación personal.
2. **Afirmaciones.** Una de las mejores maneras de transformar las creencias limitadoras y los programas fallidos de tu mente es repetir afirmaciones positivas sobre el líder que quieres ser y los logros que deseas alcanzar. Por ejemplo, fíjate en esta afirmación: «Hoy estoy concentrado, soy excelente en todo lo que hago y lo realizo con verdadera pasión». Si la repites muchas veces al principio del día, lograrás el estado mental de un campeón y el estado emocional de un ganador.
3. **Visualización.** La mente trabaja con imágenes. Cada gran logro, desde el mayor rascacielos de Nueva York hasta los más increíbles inventos de genios como Thomas Edison o Benjamin Franklin, comenzaron con una serie de imágenes en la mente de sus creadores. Todos los logros exteriores comienzan en la mente. Todo progreso no es más que la creatividad invisible que se ha hecho visible. Durante tu Hora de Liderazgo Personal, tómate un momento para cerrar los ojos y, como hace cualquier deportista de élite, imagínate a ti mismo logrando tus objetivos, rindien-

do al máximo y despertando plenamente tu líder interior.
4. **El diario.** Escribir un diario es un método muy eficaz para pensar con más claridad, para aumentar en gran medida la conciencia de ti mismo y para llevar la cuenta de tus objetivos. Durante tu hora de desarrollo personal, apunta tus reflexiones, sentimientos, esperanzas y sueños. Analiza también cualquier frustración que tengas y profundiza en tus miedos. Si te enfrentas a tus miedos, te liberarás de ellos. Llega a conocerte bien y conecta con el talento que tienes y que se halla a la espera de que lo liberes. Un diario es también el lugar donde expresar tu gratitud por todo lo que tienes y memorizar tu viaje por la vida. La vida es un don, y vale la pena dejar testimonio de ella.
5. **Fijación de objetivos.** Fijar y conectar regularmente con tus objetivos es una eficaz disciplina para lograr el éxito. Tus objetivos te centrarán enormemente en tu carrera y en tu vida. Los objetivos generan esperanza y energía positiva. Y si te enfrentas a la adversidad, que a todos nos llega de vez en cuando, unos objetivos claros te ofrecerán un norte que te guiará por la tormenta hasta que llegues a aguas más tranquilas. Los objetivos te ayudan también a vivir con sentido y productivamente, en lugar de reaccionando y accidentalmente. Evita entrar en ese coma del que hablábamos antes.
6. **Ejercicio.** Ya hablaremos más de la importancia de mover el cuerpo todos los días para alcanzar un ren-

dimiento máximo en el trabajo, pero de momento recuerda que hacer algo de ejercicio todos los días estimula el cerebro, genera mucha energía, te ayuda a dominar el estrés y a conservar la salud.
7. **Nutrición.** Lo que comes determina tu rendimiento. La dieta influirá en tu liderazgo. Si te alimentas como un vencedor, tu energía estará siempre al máximo y tu estado de ánimo será positivo. Recuerda también que si comes menos trabajarás mejor.

—Son unos consejos geniales, Jet —dije, enormemente agradecido, mientras los tres volvíamos a la elegante sala de espera.

Después del masaje me sentía de maravilla. Y los Siete Fundamentales del Liderazgo Personal me parecían muy prácticos. Ahora tenía una serie de disciplinas que podía practicar durante mi Hora de Liderazgo Personal para rendir al máximo durante el resto del día. Me prometí que todos los días me levantaría a las cinco de la mañana. Presentía que ese hábito por sí solo crearía fantásticos resultados en cuanto a mi autoestima, mi capacidad para controlar mi día a día y mi bienestar general. Le comenté a Jet mi decisión y se mostró encantado.

—Concédete uno de los mejores regalos que puede hacerse un Líder Sin Cargo: la bendición de levantarse a las cinco todas las mañanas. Muchos de los líderes más productivos de nuestro mundo han seguido este hábito, Blake. La manera de empezar el día determinará cómo lo vives. Lo que hagas durante la primera hora te encaminará al éxito o al fracaso en las horas siguientes. Dedica la primera hora del día a aumentar tus capacidades de liderazgo personal. Y, a propósito, es muy importante que recuerdes que tu primer pensamiento al despertar y tu último pensamiento antes de irte a dormir ejercen una enorme influencia en lo que sucede entre uno y otro —me advirtió Jet.

—Es fascinante —repliqué—. Todo esto me ayuda muchísimo. Y la idea que has mencionado antes sobre la necesidad de limpiar mi vida emocional me ha llegado hondo. He estado enfadado y descontento durante mucho tiempo. ¿Cómo podría nutrir mi vida emocional?

—Una de las primeras cosas que puedes hacer es aprender a perdonar a quien tengas que perdonar. Muchas personas llevan al trabajo un montón de energía negativa porque están resentidas o furiosas debido a injurias pasadas o viejas traiciones. El liderazgo personal requiere que dejes atrás los resentimientos. Aprende a perdonar y a olvidar las cosas del pasado que puedan estar consumiendo tu precioso potencial creativo. No puedes forjarte un futuro soberbio si te quedas estancado en el pasado. Las decepciones a las que te aferras limitan tu poder. Al liberarte de ellas, liberarás un montón de energía, pasión y potencial —insistió Jet, antes de beber un sorbo de agua con limón.

—¿Y cómo hago para liberar mi pasado y poder alcanzar así mi máximo liderazgo? —quise saber.

—Todo empieza con una decisión muy sencilla, Blake. Lo único que se interpone entre tú y la transformación total es una decisión. Solo tienes que decidir, en este mismo momento, que vas a perdonar a todos los que te hayan decepcionado y que dejarás atrás todas las experiencias que te han desanimado. En el momento en que honestamente estés dispuesto a perdonar, comenzarás el proceso de limpieza. Ten en cuenta que aquellos que te hicieron daño estaban haciendo lo mejor que podían desde donde se encontraban en su viaje por la vida. Si hubieran podido hacerlo mejor, lo habrían hecho mejor. Y, por último, tienes que comprender que solo las personas heridas hieren a otras personas.

—¿Solo las personas heridas hieren?

—Desde luego. Una persona verdaderamente sana, una persona que tiene una vida interior superior, es incapaz de herir a nadie. Una persona sana siente respeto por sí misma, tiene creencias positivas e inspiración, está dispuesta a ver lo mejor de los demás y siente un hondo deseo de ser genial en todo lo que hace; así pues, no es capaz de hacer daño a otro ser humano. No tiene la capacidad de hacer daño. Solo la persona que ha sido herida en algún aspecto fundamental, la persona que ha sido herida por otros, es capaz de salir y hacer daño a los demás.

—Eso es muy profundo —comenté con sinceridad—. Antes también has mencionado que tenía que dedicar un rato de la Hora de Liderazgo Personal a mejorar mi vida espiritual. ¿Cómo?

—Bueno, yo te animaría especialmente a que cada mañana tomaras conciencia de todo lo que tienes, Blake. La gratitud es el antídoto del miedo. La preocupación y la gratitud no pueden vivir juntas. Y las cosas que agradeces acaban añadiéndote un valor. Lo que quiero decir es que si dedicas siquiera cinco minutos de esa hora personal a celebrar todo lo bueno que hay en tu vida, entrarás en un estado de felicidad. Y aunque suene muy cursi, las personas felices son líderes felices. Y los líderes felices no solo realizan mejor su trabajo, sino que además son mucho más divertidos.

—Qué gran ayuda, Jet.

—Genial. Y ahora vamos con la H de SHINE. Se está haciendo tarde y debo volver al trabajo. Ha sido un gran placer conocerte, Blake, pero no quiero olvidar a mis clientes; dependen de mí.

—No te preocupes —repliqué—, lo entiendo perfectamente.

—Bien, pues la H te recordará la importancia de Hacer ejercicio y cuidar la salud. Ya he mencionado lo importante que es mantenerse en forma. La buena salud es como el poste de una tienda de campaña: eleva todo lo demás en la vida. Mantén tu salud en el nivel más alto y todo lo demás (desde tu capacidad para pensar con claridad durante épocas de estrés hasta tu rendimiento y tu estado de ánimo) se alzará con ella. La salud es algo que damos por sentado hasta que la perdemos. Y los que la pierden tienen que dedicar luego todo su tiempo a intentar recuperarla. Si pierdes la buena salud, y rezo por que no la pierdas nunca, nada será tan importante como recuperarla. Eso me recuerda un viejo proverbio: «Cuando somos jóvenes sacrificamos la salud por la riqueza, pero cuando nos hacemos viejos y sabios sacrificamos toda nuestra riqueza por un solo día de buena salud». Y si no me crees, Blake, cuando terminemos aquí pásate por un hospital. Vete a la planta de enfermos terminales, donde los enfermos aguardan la muerte, y pregúntale a cualquiera de ellos qué daría por alargar su vida. Pregúntale qué daría por un solo día con una salud excelente. Estoy seguro de que te dirá que lo daría todo. Si pierdes la salud, lo pierdes todo. No dejes que eso te suceda.

Permanecí en silencio. Desde que había vuelto de la guerra no me había preocupado mucho por mi salud. Había dejado de hacer ejercicio, comía porquerías y no descansaba bastante. Entonces, delante de aquel maestro del masaje, pensé que si volvía a tomarme mi salud en serio y recuperaba una forma física excelente, casi todas las demás áreas de mi vida mejorarían de verdad. Tendría más energía en el trabajo y en general me sentiría más positivo. Seguramente sería mucho más creativo y, desde luego, sentiría más entusiasmo por las cosas. Sería más resistente y más duro frente a los cambios que atravesara nuestra organización. En mi vida personal, no necesitaría pasarme tanto tiempo tirado en el sillón. Podría empezar a aprender cosas nuevas y divertirme más. Me sentiría mejor conmigo mismo y viviría más aventuras.

—La salud es la corona del hombre sano que solo ve el hombre enfermo —añadió Jet—. Por favor, no me digas que no tienes tiempo de hacer ejercicio todos los días. Los que no dedican un tiempo al ejercicio diario, al final tendrán que dedicarlo a la enfermedad.

El consejo de Jet era muy sencillo y a la vez tremendamente importante.

—Ah, y recuerda también que tu salud nunca será mejor que la imagen que tienes de ti mismo. Cuando de verdad empieces a creer en tu poder natural de liderazgo, cuando te convenzas de lo fantástico que eres, los cuidados que dediques a tu salud mejorarán enormemente. Pero todo comienza desde dentro —enfatizó.

—Sí, tiene sentido. Si no albergo muy buena imagen de mí mismo no pondré demasiado empeño en cuidarme.

—Exacto —asintió Jet; parecía satisfecho con mi comentario.

—La I de SHINE significa Inspiración —apuntó Tommy.

—Así es —dijo Jet—. Un día sin inspiración, sin entusiasmo, es un día no vivido plenamente. Debes reavivar tu entusiasmo todos los días, porque las dificultades de la vida te lo agotarán todos los días. ¿Cómo puedes inspirar y motivar a tus compañeros en el trabajo o a tus clientes si tú mismo no tienes entusiasmo ni energía? Debes hacer lo necesario para ser la persona más entusiasta de la sala.

—Me gusta cómo suena eso, Jet. ¿Y tienes algún consejo práctico para llevarlo a cabo?

—Oír música es una de las mejores maneras que conozco para alcanzar altos niveles de inspiración. Relacionarte con gente interesante, ética y original también avivará tu pasión y te motivará a alcanzar tu máximo nivel de liderazgo. El contacto con la naturaleza es asimismo muy efectivo para avivar la creatividad y conservar la motivación para lograr grandes cosas en el trabajo. Yo, siempre que tengo una oportunidad, me voy al campo. Pasear solo por el bosque es como una cura milagrosa para el estrés de la ciudad.

Cuando salgo del bosque me siento vivo de verdad otra vez. Casi todo el mundo piensa que eso de encontrarse con la naturaleza para renovar las reservas de creatividad y energía es una pérdida de tiempo, y que si no estás haciendo algo útil, no estás haciendo nada. Pero al recargar la mente, el cuerpo, las emociones y el espíritu, te haces más resistente frente a las turbulencias del mundo empresarial. Si lo único que haces es rendir al máximo todo el tiempo, tus reservas de potencial se agotarán pronto y te quemarás. Las personas más eficientes comprenden la necesidad de alternar constantemente el rendimiento al máximo y la renovación interior. Y una vez que tu líder interior haya recargado las pilas, volverás al trabajo más fuerte, más creativo y muchísimo más contento. Las actividades que te animo a practicar sirven para despertar al líder interior. Avivarán tu pasión y abrirán cualquier puerta cerrada que te lleve a lo mejor de ti mismo.

—¿Y la N de SHINE?

—Nutrir los lazos familiares. Tus seres queridos son importantes. ¿Qué sentido tiene alcanzar el éxito si acabas totalmente solo? Muchos de esos millonarios que mencioné al principio de nuestra conversación pasan mucho tiempo solos en sus espectaculares mansiones. ¿Qué sentido tiene eso? Cultivar una hermosa relación con tu familia y tus amigos te reportará muchísimas alegrías. Al fin y al cabo, Blake, la verdad es que no hacen falta muchas cosas para ser feliz: un trabajo del que sentirte orgulloso, comida en la mesa todos los días, buena salud y gente a la que querer. Unos cimientos fuertes en casa te ayudarán a obtener unos resultados fuertes y sólidos en el trabajo. Sentirte querido y cuidado por tu familia es un potente acelerador para tu liderazgo y tu éxito personal.

»Y eso me lleva a la E —prosiguió Jet—. La E de SHINE se refiere a la quinta regla del liderazgo personal: Elevar tu estilo de vida. No se suele hablar mucho del estilo de vida, pero es algo importantísimo. Haz algo todos los días por mejorarlo. Como ya te sugerí antes, vive la vida a lo grande. Solo se vive una vez, así que ¿por qué no disfrutar al máximo?

—Pero antes has dicho que el verdadero liderazgo no consiste en tener muchas cosas...

—Esa, desde luego, no es la prioridad de un Líder Sin Cargo. Pero desear tener cosas buenas es algo muy humano y natural. ¿Por qué sentirte culpable por poseerlas? Sé espectacularmente bueno en tu trabajo, despierta tu líder interior y da lo mejor de ti mismo, pero a lo largo del camino disfruta de la vida. La verdadera clave es poseer las cosas que quieres pero no dejar que ellas te posean a ti. Lo cual me lleva al último punto de esta conversación.

Jet se puso muy serio. Bajó la vista un momento. Tommy se levantó y se acercó a nosotros.

—Es agradable tener cosas buenas. Llevar un estilo de vida placentero es una experiencia de lo más agradable. Pero es mucho más inteligente preocuparse por lo que eres como ser humano. El objetivo principal en la vida es llegar a ser lo que estás destinado a ser. En realidad, más importante incluso que nuestra transformación personal es la huella que dejamos como líderes. La aportación es el propósito final del trabajo y de la vida.

—Explícame eso un poco más, Jet —le pedí; presentía que Jet estaba resumiendo en qué consistía esencialmente ser un Líder Sin Cargo.

—El éxito no se mide por lo que recibes, Blake. El éxito se mide por lo que das. Como ya te he dicho, una vida, por larga que sea, no es más que un viaje muy corto en el esquema general de la existencia. Tolstói escribió un cuento maravilloso que se llamaba «¿Cuánta tierra necesita un hombre?». La moraleja era que las cosas que nos pasamos la vida persiguiendo en realidad al final no importan mucho. Lo único que de verdad necesitamos cuando nuestra vida llega a su fin son dos metros de tierra. Lo que realmente cuenta es lo que dejamos atrás. Quiero que pienses en tu legado. Pregúntate cómo quieres que te recuerden cuando ya no estés. «El glorioso legado de un ser humano es vivir con un propósito», afirmó el filósofo Montaigne. Sería una profunda pérdida para este mundo que te negaras a aceptar tu vocación natural de ser un Líder Sin Cargo y dar lo mejor de ti mismo a los seres que te rodean. Los Líderes Sin Cargo piensan en su legado todos los días. Piensan en cómo quieren ser recordados después de su muerte. Piensan en los logros que necesitan alcanzar para dejar su huella en las generaciones venideras. Consideran qué clase de persona deben llegar a ser para que su vida destaque por algo excelente, algo que tenga sentido. Plantéate todo esto y dejarás un glorioso legado. Y entonces, cuando tú ya no estés, la gente entrará en la librería, verá la placa en la pared con tu nombre y dirá: «Ah, aquí trabajó una vez un hombre que fue un Líder Sin Cargo y dio lo mejor de sí mismo».

Me embargó una oleada de emoción.

—Recuerda, Blake, que el día de hoy, y cada uno de los días hasta el final de tu vida, no es más que un compendio de posibilidades. La verdadera cuestión es si tendrás el valor de aprovechar esta oportunidad para hacer que tu grandeza brille en este incierto mundo empresarial en el que nos movemos. Si es así, mejorará la vida de tus compañeros, tus clientes y tus seres queridos. Y forjarás un monumento humano de fantásticos logros ante el que todos se maravillarán y que servirá de motivación a los demás.

El silencio llenó la sala en la que nos encontrábamos. Tommy no se movió. Jet tampoco. Pensé que se me iban a saltar las lágrimas. No sabía qué hacer. Y entonces, en un instante sobrecogedor, Tommy alzó el brazo y dio una palmada a Jet en la espalda.

—Tío, eres demasiado apasionado. Sal del trance, hermano —rió.

Jet sonrió.

—Lo sé, lo sé.

Un momento después los tres nos partíamos de risa. Fue un instante fantástico que nunca olvidaré. Pero entonces sucedió algo totalmente inesperado. Tommy empezó a toser de nuevo. Al principio no pareció preocupante, pero aquello enseguida se convirtió en una tos violenta: tosía sangre y temblaba de una manera terrible. Jet y yo corrimos a su lado para intentar ayudarle.

—Ha llegado mi hora —fue cuanto Tommy pudo susurrar—. Ha llegado mi hora.

La cuarta conversación
de la filosofía del Líder Sin Cargo:

Para ser un gran líder, primero hay que ser una gran persona

LAS 5 REGLAS

Saber percibir
Hacer ejercicio y cuidar la salud
Inspiración
Nutrir los lazos familiares
Elevar tu estilo de vida

ACCIONES INMEDIATAS

Escribe en tu diario cinco cosas que harás inmediatamente para recargar tu líder interior y elevar tu mente, tu cuerpo, tus emociones y tu espíritu a una categoría superior. Luego planifica el tiempo que dedicarás por completo a estas cinco actividades durante los siguientes siete días.

CITA PARA RECORDAR

«Si uno avanza con confianza en la dirección de sus sueños y se esfuerza por vivir la vida que ha imaginado, se encontrará con un éxito inesperado en algún momento.»

HENRY DAVID THOREAU

8
Conclusión

Después del día inolvidable en el que me fue revelada la filosofía del Líder Sin Cargo, no volví a ver a Tommy, mi mentor. Estaba seguro de que nos encontraríamos en la librería el lunes siguiente. Pensaba que trabajaríamos juntos muchos años, mientras yo asimilaba las impactantes lecciones sobre el liderazgo que había recibido para obtener resultados extraordinarios en todo lo que hiciera. Pero mi deseo no se cumplió.

Al día siguiente de mi encuentro con los cuatro maestros, supe que Tommy había muerto. Me quedé hecho polvo.

Por lo visto llevaba un tiempo luchando contra el cáncer pero no quería hablar sobre su enfermedad. Anna me contó que Tommy no quería que nadie se preocupara por él y que necesitaba vivir sus últimos días ayudando a los demás y extendiendo el mensaje del Líder Sin Cargo que había transformado su propia vida años atrás. «Aguantó el tiempo necesario para regalarte ese día con nosotros —dijo Anna, embargada por la emoción—. Ese fue su último regalo.»

En el funeral, Anna, Ty, Jackson y Jet dieron testimonio del hombre que había sido Tommy y de todas las cosas buenas que había hecho. Me enteré de que había tenido una infancia muy pobre. Que se casó con su primer amor y que estuvieron juntos cuarenta y cuatro años, hasta que ella falleció hacía dos. Que le encantaba el chocolate. Y que había dejado todo su capital a una organización benéfica para niños. Asistió tanta gente al funeral, que cientos de personas tuvieron que quedarse en la calle. Pero nadie se fue; todos respetaban a aquel sencillo librero que había sido un Líder Sin Cargo y que había dado siempre lo mejor de sí mismo.

Después, Anna, todavía llorando, me dio un sobre. Ty, Jackson y Jet estaban junto a ella. Las lágrimas corrían también por sus mejillas; parecían destrozados.

—Toma, Blake, esto es para ti. Tommy me pidió que te lo diera. Te admiraba mucho, ¿sabes? Y respetaba profundamente lo que hiciste por nuestro país. Así como lo que hiciste por ti mismo aquel día que compartimos, cuando aceptaste su propuesta de avanzar desde el victimismo hacia el liderazgo. Creo que para él eras el hijo que nunca tuvo. —Anna se enjugó las lágrimas y se recolocó la hermosa flor que llevaba en el pelo—. En fin, sigue manteniéndote en contacto con nosotros. Cuenta con los chicos y conmigo para lo que sea, para cualquier cosa que necesites, a cualquier hora del día o de la noche. Ahora eres uno de nosotros. Y aunque hemos perdido a un amigo, desde luego hemos ganado otro.

Me dio un abrazo y se alejó. Ty, Jackson y Jet hicieron lo mismo.

—Ah, y sigue siendo un Líder Sin Cargo y difundiendo esa filosofía. En este increíble mundo en que vivimos, cada uno de nosotros puede dejar su huella en cualquier organización si aceptamos nuestra vocación de despertar al líder que llevamos dentro y de dejar todo lo que toquemos mejor que cuando lo encontramos —me animó Anna—. Espero verte pronto, Blake.

—Sí, nos veremos pronto —dijeron los otros tres maestros al unísono.

—Y recuerda que eres fantástico de nacimiento —añadió Jet.

Luego mis cuatro amigos salieron de la iglesia.

Yo me senté un momento y, mientras sonaba la música clásica del órgano, abrí el sobre y leí con atención la carta que había dentro. El sol entraba por las vidrieras y el aire frío recorría suavemente la sala. La letra de Tommy era caótica, pero pude leerla con claridad. Y sentí su poder.

Querido Blake el Grande:
En primer lugar, perdóname por no haberte contado lo de mi enfermedad. No quería que lo que me pasaba a mí se interpusiera en el aprendizaje de lo que tanto merecías oír y en la transformación que debías experimentar. Al final conseguí encontrar cierta paz interior frente a ese desafío y llegué a comprender que me ofrecía muchas oportunidades. Por supuesto, a nadie le gusta ponerse enfermo. Pero la enfermedad me hizo más fuerte, más profundo y mucho más sabio. Y mi esperanza es que algún día todas las cosas buenas que experimenté como ser humano te lleguen a ti también.

Tus padres eran buenas personas. Criaron a un buen hijo. Ahora lo sé. Y te respeto por todo lo que diste de ti mismo en el pasado y lo que harás en el futuro. Para mí, fue una alegría enorme conocerte por fin en nuestra librería aquella maravillosa mañana. Perdona lo del pañuelo de Mickey Mouse. Me lo regaló mi mujer en nuestro primer aniversario. Estábamos en Disneylandia. Me recuerda a ella. El reloj de Bob Esponja lo compré yo.

Mi mayor esperanza es que, en lugar de dejar que la tristeza te embargue porque yo ya no estoy, esta carta encuentre a un Blake motivado, centrado y convencido de su nuevo compromiso de ser un Líder Sin Cargo. Ahora estás bien preparado para liberar tu líder interior y dejar que vea la luz del día. Ahora estás totalmente preparado para dar lo mejor de ti mismo en todo lo que hagas y ante cualquier adversidad. Y sin duda te encuentras en la mejor posición para ser un ejemplo extraordinario para todas las personas que tengan la suerte de cruzarse en tu camino. Sé que lo harás. Me lo prometiste. Y tanto tu padre como yo dábamos muchísima importancia al olvidado arte de cumplir las promesas.

El mundo de los negocios ha perdido el rumbo, Blake. Y a mis ojos la sociedad se ha tornado muy caótica. La gente concede más valor a las cosas que a las relaciones. Se diría que nos importa más acariciar nuestro ego que alcanzar nuestros ideales. Demasiada gente culpa a las circunstancias externas de su resistencia a mejorar en la vida, las utilizan como excusa para ceder a sus miedos y a sus creencias más débiles. Y, por desgracia, ahora se admira mucho más el ser popular que el ser ético, valiente o bueno. Lo que quiero decir es que hemos olvidado la responsabilidad de liderazgo que nuestra cultura conoció en otro tiempo. Hemos olvidado lo que significa vivir por algo más grande que nosotros mismos. Hemos confundido nuestras prioridades: nos hemos centrado en la victoria individual en lugar de ayudar a los que nos rodean. Cuento contigo para que recuerdes a los demás que todos nacimos siendo geniales. Y que las mentiras que nos contamos sobre lo que no podemos hacer y lo que no podemos llegar a ser son eso: mentiras. Puedes ayudar a mucha gente predicando el método de liderazgo que te hemos revelado. Necesitamos que muchas otras personas descubran la filosofía del Líder Sin Cargo, Blake. Y el momento de que eso ocurra es ahora.

Me siento realmente honrado de que hayas formado parte de mi vida. Espero haberte servido de ayuda y haber cumplido así la promesa que le hice a tu padre hace muchos años. Siempre he creído que si lograba mejorar siquiera un poco la vida de una sola persona, entonces mi vida habría sido valiosa. Gracias por darme esa oportunidad.

Te deseo todo lo grande, mi joven amigo. Atrévete a soñar. Vive una vida hermosa. Y sé un Líder Sin Cargo hasta tu último aliento.

Con mucho cariño,

Tommy

P.D.: El Porsche es tuyo. ¡Diviértete!

Dentro del sobre había un juego de llaves. En un último gesto de bondad, Tommy me había regalado su coche y había hecho realidad uno de mis sueños. Me emocioné hasta las lágrimas.

Creo que jamás podré pagar a Tommy y a los cuatro maestros lo que hicieron por mí. Mi carrera saltó a un éxito sin precedentes y mi vida se transformó en algo que ni siquiera había imaginado en mis sueños más ambiciosos. Todavía echo de menos a Tommy, pero, al compartir contigo todo esto, siento que he honrado su vida.

Cumplí la promesa que le hice a Tommy el primer día que nos conocimos: propagar la extraordinaria filosofía del Líder Sin Cargo entre tantas personas como pudiera. He escrito este libro para dejar constancia de ella y para ofrecerte las enseñanzas que tan generosamente me brindaron Tommy y los cuatro maestros aquel día. Solo te pido que, a cambio, transmitas este gran mensaje a tanta gente como puedas. Al hacerlo, estarás poniendo tu granito de arena en motivar a tus compañeros, establecer mejores organizaciones y crear un mundo mejor. Y cuando llegue tu hora sabrás que has vivido al máximo el poder natural de liderazgo con el que naciste y que en el camino has elevado muchas otras vidas. Así, el último día de tu vida será el mejor día de tu vida. La antropóloga Margaret Mead afirmó: «Nunca dudes que un pequeño grupo de ciudadanos pensantes y comprometidos puedan cambiar el mundo. De hecho, eso es lo único que lo ha logrado». Qué gran verdad.

Recursos para ayudarte a ser un Líder Sin Cargo

Ahora que has terminado de leer *El líder que no tenía cargo* te enfrentas a una decisión crítica: aceptar que la filosofía del Líder Sin Cargo se convierta en parte de tu ser o no hacer nada y no experimentar ninguna transformación. Para ayudarte a alcanzar resultados auténticos y duraderos, te animamos a que saques partido de los siguientes recursos en las próximas veinticuatro horas:

www.theleaderwhohadnotitle.com
- Programa de audio gratis para ayudarte a poner en práctica rápidamente las ideas de este libro.
- Herramientas de evaluación de un Líder Sin Cargo.
- Código de conducta de un Líder Sin Cargo.
- Libro de regalos del Líder Sin Cargo.
- Únete al movimiento on-line de Líderes Sin Cargo.

www.robinsharma.com
Aquí encontrarás toda una serie de recursos para el liderazgo personal y empresarial, como programas de audio,

podcasts, artículos y el *blog* de Robin. Los requisitos para contratar una presentación a cargo de Robin sobre el Liderazgo Sin Cargo en tu organización se hallan también en esta web.

Twitter
Sigue a Robin en Twitter:
www.twitter.com/robin_sharma

Facebook
Visita a Robin en Facebook para saber más de sus viajes, eventos y su comunidad:
www.facebook.com/theofficialrobinsharmapage

Necesitamos tu ayuda

Si la filosofía del Líder Sin Cargo de este libro te ha servido de inspiración y quieres ayudar a otros a despertar su líder interior, puedes dar inmediatamente varios pasos para dejar tu huella:

❑ Regala *El líder que no tenía cargo* a compañeros, amigos, parientes e incluso a desconocidos. Aprenderán que están destinados a liderar en todo lo que hacen y a vivir grandes vidas.

❑ Comenta tus ideas sobre este libro en Twitter, Facebook y las páginas web que visites. Si tienes tu propia web, puedes hablar de *El líder que no tenía cargo* o escribir una reseña del libro.

❑ Si eres empresario o mánager, o incluso si no lo eres, puedes invertir en comprar ejemplares de este libro para que todos los miembros de tu equipo sean Líderes Sin Cargo y rindan al máximo.

❑ Pide a tu periódico local, emisora de radio o medio de comunicación on-line que entrevisten al autor para que explique cómo todos podemos ejercer el liderazgo en el trabajo y en la vida y, haciéndolo, mejorar el mundo.

Visita www.theleaderwhohadnotitle.com y únete hoy al movimiento del Líder Sin Cargo.

«Para viajar lejos no hay mejor nave que un libro.»
EMILY DICKINSON

Gracias por tu lectura de este libro.

En **Penguinlibros.club** encontrarás las mejores recomendaciones de lectura.

Únete a nuestra comunidad y viaja con nosotros.

Penguinlibros.club